La conquista del azar

La conquista del azar

La teoría de probabilidades

Fernando Corbalán - Gerardo Sanz

El mundo es matemático

Realización: EDITEC
Diseño cubierta: Llorenç Martí
Créditos fotográficos: iStockphoto

ISBN: 978-84-473-6974-4
Depósito legal: NA-1668-2011

Impreso y encuadernado en Rodesa, Villatuerta (Navarra)

Impreso en España - *Printed in Spain*

Sumario

Prefacio

Hay conquistas visibles y mediáticas, como subir a la montaña más alta, mientras que otras están escondidas y no merecen ni una línea en las páginas de los periódicos a pesar de ser mucho más importantes. Una de ésas, la domesticación de las consecuencias del azar, su reducción a números para describirlo y predecir lo que sucederá, es una hazaña formidable e inacabada, pero que ya desde hace tiempo tiene consecuencias muy interesantes en nuestra vida. Al gran recorrido de la humanidad a lo largo de la historia para aclararse con el manejo del azar, de lo impredecible, es al que invitamos al lector en el libro que tiene en sus manos.

Ha supuesto un formidable esfuerzo pasar de la creencia de que únicamente los dioses conocen el futuro y que para ponerse a bien con el más allá tan sólo caben poco más que magias y rituales, a cuantificar las probabilidades de que sucedan cosas. Así, con una razonable precisión, podemos saber el resultado de las elecciones antes de que se celebren, o la probabilidad de tener una enfermedad después de que nos hagan un análisis o el tiempo que va a durar una bombilla de bajo consumo.

Ha sido, además, reciente en términos históricos. Si bien una buena parte de las matemáticas que utilizamos son añejas, algunas, como la geometría escolar, la euclidea, tiene más de veinte siglos, una parte importante de los resultados probabilísticos que se aplican apenas tienen un siglo. Asistiremos a los balbuceos de la comprensión de la incertidumbre y llegaremos, de la mano de jugadores, ocupación tan denostada en todas las épocas, a ver que no todo es igual de probable. Aparecerán grandes talentos en los inicios de la comprensión de la probabilidad, como Pascal y Fermat. Veremos cómo el análisis de los errores que se cometen al realizar mediciones repetidas (consustanciales al proceso de medida) permitió llegar a la ley que rige la distribución de muchas otras variables que miden desde cuestiones técnicas hasta aspectos sociales. Esa ley es tan frecuente que se llama «distribución normal», y tiene por representación una hermosa curva: la campana de Gauss, otro «top-ten» de las matemáticas.

Nos enfrentaremos a los juegos, cuantificaremos la dificultad de acertar en ellos (lo que nos exigirá contar bien) y calcularemos la cantidad que en promedio perdemos en la lotería, lo que nos lleva a la «esperanza matemática», que es la base del cálculo de cosas tan mundanas como las primas de seguros, que también contribuyeron a la aventura de la conquista del azar. Nos encontraremos en el camino bastantes sorpresas de situaciones próximas, con probabilidades inesperadas.

Este libro es una llamada a la necesidad de estudiar, pensar y reflexionar sobre el azar. Porque, al contrario del ideal de la Ilustración, habitamos en un océano de incertidumbres con alguna isla de certeza, y estamos obligados, para entender el mundo, a formarnos en el dominio del azar, uno de los últimos territorios por conquistar y que en nuestra sociedad de certezas y seguridades tantos desasosiegos produce. El recorrido que proponemos, lleno de retos, descubrimientos y sorpresas, creemos que puede ser un buen comienzo.

Capítulo 1

El arte de contar bien

Primeros pasos

En este primer capítulo repasaremos los conceptos básicos de un arte singular e importantísimo: el de contar. La necesidad de contar todas las posibilidades que se pueden dar tiene un amplio catálogo de aplicaciones. ¿Durante cuántos años se podrán utilizar algunos sistemas de matriculación de coches? ¿Cuántas combinaciones posibles de números se dan en sorteos y loterías? ¿Cuántas formas diferentes tengo de combinar mi ropa?

Para responder a éstas y otras situaciones similares, siempre se puede apelar a la conocida «cuenta de la vieja», pero las matemáticas hace tiempo que desarrollaron la combinatoria, cuyo objeto es encontrar el número de objetos o de grupos de ellos en situaciones como las anteriores sin necesidad de enumerarlos uno a uno. Estos problemas tienen características comunes, lo que permite definir unos pocos modelos matemáticos para conseguir estudiarlos todos: los modelos combinatorios. Cuando se conocen, para resolver un problema concreto, una vez identificado el modelo que le corresponde, basta con aplicar la fórmula correspondiente. Veamos un ejemplo.

Elecciones en el lugar de trabajo

Queremos elegir dos representantes con una misión concreta cada uno (un delegado y un secretario) para una compleja negociación con la dirección. Si somos 25 y todos electores y elegibles, ¿de cuántas formas diferentes podría hacerse la elección? Elegimos primero al delegado: hay 25 candidatos, luego 25 formas de hacerlo. Para cada elección de delegado, hay 24 formas de elegir al secretario: $25 \cdot 24 = 600$ formas de realizar la elección.

¿Qué ocurre si no es necesario distinguir entre delegado y secretario? ¿Cuántas formas hay ahora de elección? Como no hay «cargos» en la comisión, si contamos como en el caso anterior, cada pareja de elegidos la contaríamos dos veces: da lo mismo elegir en primer lugar a María y en segundo a Juan, que hacerlo en el orden inverso: el número de formas distintas ahora es:

$$\frac{25 \cdot 24}{2} = 300.$$

Estas situaciones u otras parecidas, en las que hay que hacer un cómputo de posibilidades, son frecuentes en la vida diaria. En general, para hacer el recuento no se enumeran una a una todas las posibilidades, sino que se recurre a procedimientos generales para calcular el número total. Eso hace la combinatoria, que tiene por objeto estudiar los distintos agrupamientos y ordenaciones que pueden hacerse con una serie de objetos, prescindiendo de la naturaleza de los mismos. Son problemas típicos suyos las formas de seleccionar una muestra de un conjunto de objetos, las maneras de colocar un número de objetos en un número de cajas o los modos en que podemos dividir un conjunto en partes. Algunos modelos para estos problemas son las *variaciones*, *combinaciones* y *permutaciones*.

Para llevar a cabo un recuento es importante una organización adecuada de los datos. Por su polivalencia, vamos a referirnos a un importante recurso (que luego utilizaremos para las probabilidades): los *diagramas en árbol* o, simplemente, *árboles*.

Los grafos son un instrumento matemático muy útil para simbolizar relaciones entre objetos; en él se representan los objetos por puntos (*vértices* del grafo) y las relaciones entre ellos por las líneas (*aristas* del grafo) que los unen. Los diagramas de árbol son un tipo sencillo de grafo, en los que cada par de vértices está conectado, como máximo, por una arista. Se parte de un punto P_0, que es el *origen* del árbol o vértice inicial, del que parten una serie de aristas que lo unen a otros puntos (en nuestro caso P_1, P_2 y P_3). A su vez, estos vértices están, en general, conectados con otros, y así sucesivamente. Cada rama del árbol tiene una *arista terminal* que acaba en un *vértice terminal* del que no salen más aristas; en el árbol dibujado, los vértices terminales son P_3, P_4, P_5 y P_6, como se observa en la figura:

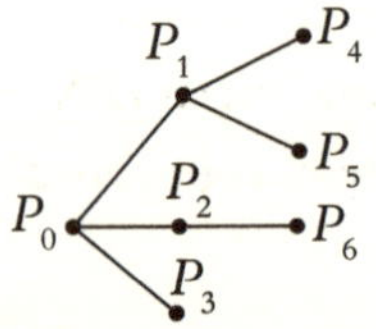

Veamos un ejemplo. En el armario tengo tres pantalones, de colores gris (*PG*), azul (*PA*) y negro (*PN*); dos camisas, una azul (*CA*) y otra blanca (*CB*), y dos jerséis, uno azul (*JA*) y otro marrón (*JM*). Cada mañana elijo una prenda de cada tipo. ¿De cuántas formas distintas puedo combinar mi ropa si no quiero llevar prendas con el color repetido?

Hacemos un árbol que nos dé todas las posibilidades y establecemos un orden de elección: primero, el pantalón; a continuación, la camisa y, por último, el jersey. Para el pantalón hay tres opciones: gris, azul y negro; por tanto, a partir del origen del árbol dibujamos tres aristas, una por cada posibilidad de elección, en cuyos extremos escribimos las opciones a las que corresponden:

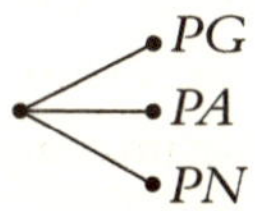

Nos situamos ahora en el vértice final de la primera arista (*PG*): hemos elegido el pantalón gris. Para la camisa podemos elegir cualquiera de las dos opciones, pues no repetimos color; por consiguiente, añadimos dos aristas:

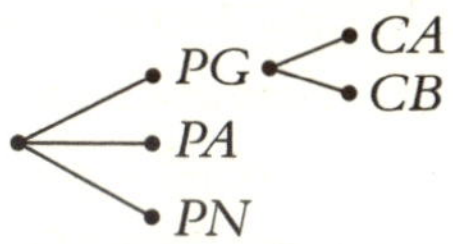

Seguimos en el vértice de la segunda de las aristas (*PA*): hemos elegido el pantalón azul. Como no podemos repetir color, para la camisa hay una opción: la de color blanco (*CB*), por lo que añadimos una arista:

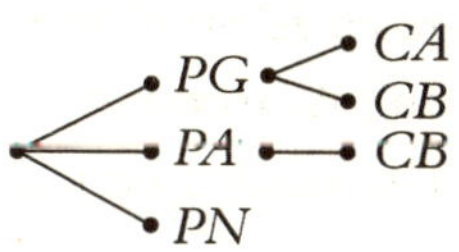

En el vértice de la tercera arista inicial (*PN*, pantalón negro) hay dos opciones para la camisa, porque no se repite el color; añadimos dos aristas al árbol:

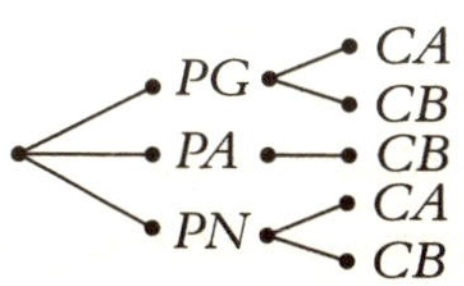

El árbol ya refleja las posibilidades de elección de pantalón y camisa, pero falta el jersey. Para completarlo seguimos un razonamiento análogo, analizando los nuevos vértices que hemos dibujado. Así, en el vértice *CA* de la rama *PG-CA* (pantalón gris y camisa azul) la elección del jersey queda limitada a una opción, el marrón (*JM*), para no repetir el color. Añadimos una arista al árbol (*JM*), que será terminal de esa rama. La rama representa la opción «pantalón gris, camisa azul y jersey marrón». Siguiendo el proceso en todas las ramas, obtenemos el árbol completo:

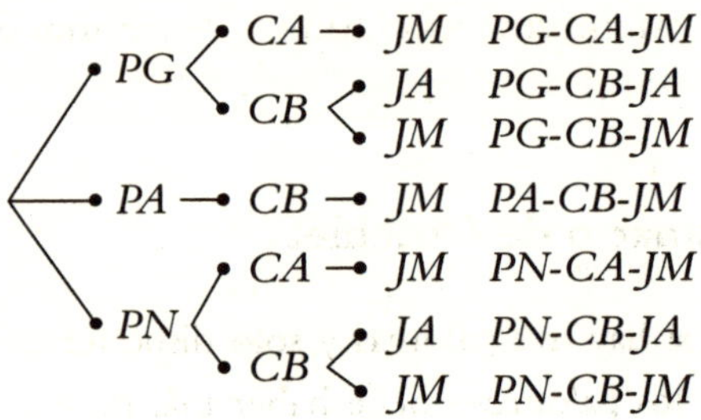

La solución del problema es el número de ramas que tenga el árbol, en este caso, siete. Puede parecer mucho más complicado realizar este árbol que hacer el recuento directamente, pero es un procedimiento aplicable en muchas situaciones y con buenos rendimientos. La figura siguiente muestra el esquema completo:

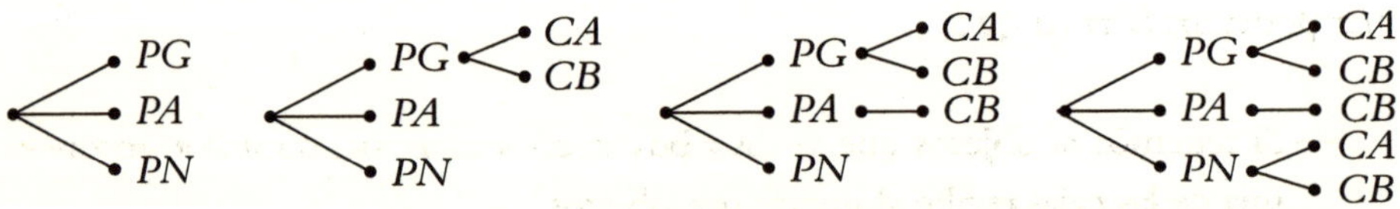

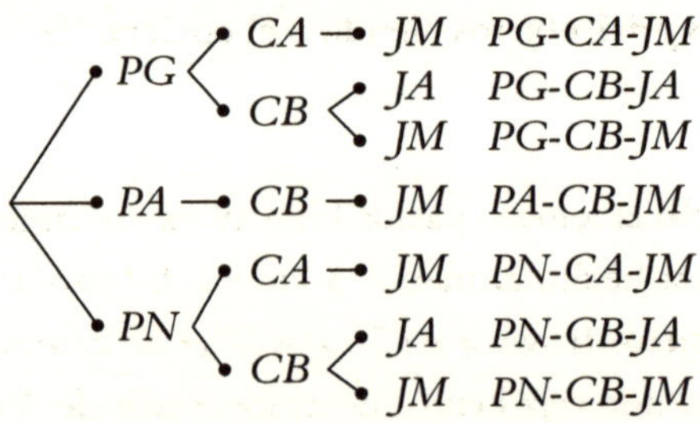

A continuación se describen los principios básicos de un proceso de recuento.

Principio básico de conteo o principio de la multiplicación

Esta estrategia de cálculo o principio general de conteo establece que dados dos experimentos, uno de los cuales tiene m resultados posibles y el otro, n, tenemos un total de $m \cdot n$ resultados posibles de ambos experimentos. En términos de conjuntos, si un conjunto tiene m elementos y el otro, n, tendremos $m \cdot n$ formas de elegir pares de elementos, uno de cada conjunto.

De manera general podemos enunciar este principio básico del siguiente modo: si se realizan k experimentos, el primero de los cuales puede dar lugar a n_1 resultados, el segundo, a n_2, y así sucesivamente hasta n_k, tendremos un total de $n_1 \cdot n_2 \cdot ... \cdot n_k$ resultados posibles.

Principio del palomar o de Dirichlet

Según este principio, si hay tres palomas y sólo disponemos de dos palomares, es obvio que en uno de los palomares debe haber más de una paloma. Este sencillo razonamiento, aplicable siempre que el número de palomas sea mayor que el de palomares, es la base de muchos problemas de recuento.

Hay que repartir m objetos en n cajas. Si m es divisible entre n podremos distribuir, por ejemplo, m/n objetos en cada caja.

Pero, obviamente, ni siempre será m divisible por n ni nos puede interesar repartir el mismo número de objetos en cada caja. Basándonos en el principio del palomar podemos afirmar que:

— Si tenemos m objetos que se distribuyen en n cajas, siendo $m > n$, entonces una de las cajas recibe al menos dos objetos.

— Si se distribuyen m objetos en n cajas (m no múltiplo de n), hay una caja que recibe al menos $p + 1$ objetos, siendo p el cociente de la división entera de m entre n.

Por ejemplo, si Pablo la semana pasada hizo 29 envíos urgentes, podemos asegurar que algún día habrá hecho al menos 5 envíos. El razonamiento es sencillo: se trata de colocar 29 objetos (envíos) en 7 cajas (días de la semana). Hagamos como hagamos el reparto, en una caja hemos de colocar más de 4 objetos (imaginemos, por ejemplo, que colocamos 4 objetos en cada caja: nos sobra uno; por tanto en una caja hemos de poner 5).

EL MISMO NÚMERO DE PELOS

El principio del palomar nos permite asegurar que en una ciudad de un millón de habitantes hay al menos dos habitantes con el mismo número de pelos, y ello, por supuesto, sin ir contando los pelos de la gente.

Consideremos la cabeza humana como una esfera, medimos su diámetro, calculamos la superficie del cráneo (que podemos considerar algo más de la mitad de la misma) y observamos la concentración de pelos por unidad de superficie (por ejemplo, un pelo por milímetro cuadrado). De ello se deduce que el número de pelos sería igual al de milímetros cuadrados de nuestra cabeza. Quienes han hecho el cálculo aseguran que es imposible tener más de 200.000 pelos en la cabeza, pero vamos a ser generosos y supondremos que se puede llegar hasta los 250.000. Por tanto, lo más que podremos poner será 250.000 «nidos» diferentes (el número de pelos), y como hay un millón de habitantes es posible asegurar que habrá muchos que coincidirán. Incluso podemos afirmar que hay unos 750.000 que coincidirán al menos con otro habitante de la capital, ya que podemos llegar a llenar 250.000 nidos distintos: los 750.000 restantes los tenemos que poner en algún otro ya lleno. Precisando aún más diremos que alguien que vive en una ciudad con más de 250.000 habitantes seguro que tiene un «asociado» con su mismo número de pelos.

Problemas combinatorios

Existen dos tipos de situaciones de particular interés por su presencia en múltiples problemas: la selección de muestras y la colocación de objetos en cajas.

Selección de muestras

Se trata de calcular de cuántas formas se puede elegir una muestra o conjunto de elementos de una colección de objetos. En general son conocidos el número total de objetos y el número de los que componen la muestra (tamaño de la muestra). Es necesario considerar varias situaciones:

— Que los objetos sean iguales o diferentes.
— Que la muestra pueda contener o no elementos repetidos.
— Que deba considerarse o no el orden en que se seleccionan los elementos, es decir, que se trate de una muestra ordenada o no.

En el caso comentado anteriormente de las elecciones en el lugar de trabajo, se trata de hallar cuántas muestras diferentes de tamaño 2 podían tomarse en una colección de 25 elementos diferentes, no podían repetirse los elementos (eran dos delegados diferentes) y se tomaba en consideración el orden en el que se seleccionaban los mismos, puesto que sus funciones eran diferentes.

Colocación de objetos en cajas

En este caso se trata de calcular de cuántas formas se puede colocar un cierto número de objetos en un determinado número de cajas. Se pueden dar diferentes situaciones:

— Que los objetos sean iguales o diferentes.
— Que las cajas sean iguales o no.
— Que se pueda colocar o no más de un objeto en cada caja.
— Que puedan quedar cajas vacías.
— Que deba considerarse el orden de colocación de los objetos.

Si en una carrera hay ocho atletas, ¿de cuántas formas diferentes pueden repartirse las tres medallas en juego? Se trata de ver de cuántas maneras pueden colocarse 3 objetos diferentes (las medallas) en 8 cajas diferentes (los atletas), colocando un solo objeto en cada caja (cada atleta sólo puede recibir una medalla). El primer objeto podemos colocarlo en cualquiera de las 8 cajas. Colocado el primero, nos quedan 7 cajas para ubicar el segundo. Colocados los dos objetos, hay libres 6 cajas para el tercero. El número total de posibilidades es $8 \cdot 7 \cdot 6 = 336$: las tres medallas en juego pueden repartirse de 336 formas diferentes.

Los modelos matemáticos de la combinatoria nos permitirán resolver estos problemas. También veremos cómo un mismo modelo puede utilizarse en problemas de los dos tipos, lo que nos permitirá establecer analogías entre tipos diferentes. Pero no nos permitirá resolver todas las situaciones que pueden darse en esos tipos de problemas; en tales casos hemos de recurrir a otras técnicas.

Permutaciones y factoriales

Permutar es reordenar una serie de objetos. Permutaciones son las distintas formas de ordenar los n elementos de un conjunto. El número de permutaciones de n objetos, P_n, es el número de formas distintas en que podemos ordenarlos. Es fácil conocer ese número: podemos elegir el primer elemento entre los n disponibles; para el segundo tenemos $n-1$ posibilidades; para el tercero serán $n-2$, y así sucesivamente. En definitiva, el número de permutaciones de n elementos distintos será:

$$P_n = n \cdot (n-1) \cdot (n-2) \cdot \ldots \cdot 3 \cdot 2 \cdot 1.$$

El producto que nos da el número de permutaciones de n elementos se denomina *factorial de* n o bien n *factorial*, y se representa como $n!$:

$$n! = n \cdot (n-1) \cdot (n-2) \cdot \ldots \cdot 3 \cdot 2 \cdot 1 = P_n.$$

CRECIMIENTO VERTIGINOSO

Al aumentar *n*, el valor de *n*! aumenta de una forma mucho más rápida de lo que cabría esperar. Esto puede comprobarse haciendo algunos cálculos con la calculadora. Por ejemplo, 5! = 120, y 10! = 3.628.800, que son cantidades gobernables, pero ya 20! = 2.432.902.008. 176.640.000 ≈ $2{,}4 \cdot 10^{18}$, tiene 19 cifras, y 50! ≈ $3{,}04 \cdot 10^{64}$, tiene nada menos que 65 cifras. Para facilitar el cálculo, a pesar de no tener sentido, por definición se toma 0! = 1.

Si necesitamos formar todas las permutaciones podemos utilizar la misma estrategia que hemos seguido para calcular su número: tomamos el primer elemento y analizamos las distintas posibilidades que tenemos para el segundo. Para cada una de ellas consideramos todas las posibilidades de elegir el tercer elemento, y así sucesivamente. Las permutaciones posibles con 1, 2, 3 y 4 (todos los números diferentes de cuatro cifras que se pueden formar con ellos) serían los que aparecen en esta tabla:

1234	2134	3124	4123
1243	2143	3142	4132
1324	2314	3214	4213
1342	2341	3241	4231
1423	2413	3412	4312
1432	2431	3421	4321

MENÚS Y COMENSALES

Las formas de colocar *n* objetos distintos en *n* cajas diferentes, de modo que en cada una de las cajas haya, a lo sumo, un objeto, también son las permutaciones de *n* elementos. Si tenemos 7 menús diferentes, ¿de cuántas formas pueden repartirse entre los 7 días de la semana para tener menús semanales? El resultado es las permutaciones de siete elementos: $P_7 = 7! = 7 \cdot 6 \cdot 5 \cdot 4 \cdot 3 \cdot 2 \cdot 1 = 5.040$. ¡Nada menos que más de cinco mil!

Aunque si pensamos en otras situaciones, no parecen demasiados menús. Todos conocemos el cuadro *La Última Cena* de Leonardo da Vinci, en el que aparece representado Jesucristo y sus doce apóstoles. Si Leonardo hubiese decidido hacer copias del cuadro cambiando de sitio a los comensales, hubiera tenido que pintar $13! = 6.227.020.800$ cuadros, ¡más de 6.000 millones! Si hubiese decidido que Jesucristo siempre debe estar en el centro, se hubiese ahorrado trabajo, pero todavía hubiera tenido que pintar una cantidad considerable, $12! = 479.001.600$, esto es, más de 479 millones de cuadros. Por muchos discípulos que tuviera Leonardo ayudándole con los cuadros, la empresa se antoja, si no imposible porque es un número finito, sí sumamente difícil.

La Última Cena, *obra de Leonardo da Vinci, obra pintada entre 1495 y 1497 en una pared del refectorio del convento de Santa Maria delle Grazie, en Milán.*

Cuando los elementos que se permutan son ordenables (letras del alfabeto, números, palabras...) se llama *permutación principal* a la que tiene dispuestos sus elementos en el orden natural. La situación se complica cuando algunos de los elementos que se pretenden permutar son iguales.

Queremos saber de cuántas formas diferentes se pueden ordenar las letras de la palabra AMAPOLA, que tiene 7 caracteres; si todos fueran diferentes, el número sería: $P_7 = 7! = 7 \cdot 6 \cdot 5 \cdot 4 \cdot 3 \cdot 2 \cdot 1 = 5.040$. Pero cuando cambiamos entre sí dos letras iguales, obtenemos la misma permutación, luego no son tantas. Manteniendo fijas las letras M, P, O y L, podríamos hacer 6 ordenaciones diferentes con las 3 letras A, ya que $P_3 = 3 \cdot 2 \cdot 1 = 6$. Esto ocurre para cualquier forma de ubicar las letras M, P, O y L en la palabra, luego el número total de permutaciones diferentes será:

$$N = \frac{P_7}{P_3} = \frac{5.040}{6} = 840.$$

En casos como éste hablamos de *permutaciones con repetición*. En general, si tenemos una colección de n objetos, de los cuales hay a ejemplares del objeto A, b ejemplares del B, ..., z ejemplares del Z ($a + b + \ldots + z = n$), el número total de permutaciones con repetición que se pueden formar es:

$$\frac{n!}{a! \cdot b! \cdot \ldots \cdot z!}.$$

Es el caso de un jugador de ajedrez que quiere colocar en fila dos peones blancos y cuatro negros. ¿De cuántas maneras puede hacerlo? Se trata de permutaciones con repetición de 6 elementos, uno de los cuales se repite 2 veces, y el otro, 4:

$$N = \frac{6!}{2! \cdot 4!} = \frac{720}{2 \cdot 24} = 15.$$

Variaciones

Dos de los ejemplos anteriores (elegir delegado y secretario y repartir tres medallas a ocho atletas) tienen algunos rasgos comunes:

— En ambos casos se trata de seleccionar una muestra (de 2 entre 25 y de 3 entre 8).
— Ha de tenerse en cuenta el orden de selección (debe elegirse primero al delegado y lo mismo ocurre con los premios).
— No pueden repetirse los elementos (no pueden recaer dos cargos o premios en la misma persona).

En ambos casos se trata de *variaciones*. Dado un conjunto de m elementos diferentes llamaremos *variaciones de orden* n o *variaciones de* m *elementos tomados* n *a* n, a todas aquellas agrupaciones de n de los m elementos sin repetir ninguno, siendo distintas dos variaciones si difieren en alguno de sus elementos o en el orden de los mismos. Lo simbolizaremos con $V_{m,n}$.

Consideremos el conjunto $1, 2, 3, ..., m$. Vamos a formar las variaciones de orden n de estos m elementos y a calcular su número. Es evidente que cada uno de los elementos, considerado aisladamente, constituye una variación de orden 1.

$$1 \quad 2 \quad 3 \quad 4 \quad 5 \quad \ldots \quad m.$$

Luego su número es: $V_{m,1} = m$.

Si a la derecha de cada una de las variaciones de orden 1 colocamos un elemento del conjunto distinto al que la constituye, obtendremos las variaciones de orden 2:

$$\begin{array}{lllll} 12 & 13 & 14 & \ldots & 1m \\ 21 & 23 & 24 & \ldots & 2m \\ \ldots & & & & \\ m1 & m2 & m3 & \ldots & m(m-1). \end{array}$$

Por tanto, el número de variaciones de orden 2 resultará de multiplicar el número de variaciones de orden 1 por el de elementos que es posible añadir a cada una de ellas, que es $m - 1$. Es decir, $V_{m,2} = m \cdot (m-1)$.

Colocando a la derecha de cada variación de orden 2 un elemento que no sea ninguno de los que la constituyen, obtenemos las variaciones de orden 3. Su número resultará de multiplicar $V_{m,2}$ por el de elementos que podemos añadir a cada una de ellas, que será $m-2$. Así pues, $V_{m,3} = V_{m,2} \cdot (m-2) = m \cdot (m-1) \cdot (m-2)$.

Siguiendo este proceso obtenemos:

$$\begin{array}{l} V_{m,4} = m \cdot (m-1) \cdot (m-2) \cdot (m-3) \\ V_{m,5} = m \cdot (m-1) \cdot (m-2) \cdot (m-3) \cdot (m-4) \\ \ldots \end{array}$$

En general:

$$V_{m,n} = m \cdot (m-1) \cdot (m-2) \cdot \ldots \cdot (m-n+1).$$

OTRA FÓRMULA

Según la definición de factorial,

$$m! = m\cdot(m-1)\cdot(m-2)\cdot\ldots\cdot(m-n+1)\cdot(m-n)\cdot(m-n-1)\cdot\ldots\cdot3\cdot2\cdot1 = V_{m,n}\cdot(m-n)!.$$

Por lo que $V_{m,n}$ también se puede calcular mediante la siguiente fórmula:

$$V_{m,n} = \frac{m!}{(m-n)!}.$$

Las permutaciones de n objetos son las variaciones que podemos formar tomando n de los n objetos, es decir, tomándolos todos. Luego $P_n = V_{n,n}$ (no hay que olvidar que $0! = 1$).

Otro punto de vista para la situación anterior es el modelo de colocación de objetos en cajas. Consideremos de nuevo los dos problemas anteriores:

— El primer caso es análogo a cómo repartir 2 objetos diferentes (los cargos) en 25 cajas distintas (los trabajadores), y en el segundo se trata de repartir 3 objetos diferentes (las medallas) en 8 cajas distintas (los atletas).
— No puede colocarse más de un objeto en cada caja.
— Ha de tenerse en cuenta el orden de colocación de los objetos.

Generalizando estas observaciones, diremos que «las distintas formas de colocar *m* objetos distintos en *n* cajas diferentes, de modo que en cada caja no se coloque más de un objeto, son *variaciones de* m *elementos tomados* n *a* n».

Si consideramos la posibilidad de repetir los elementos para formar las distintas variaciones tendremos las *variaciones con repetición*. Dado un conjunto de *m* elementos, llamaremos *variaciones con repetición de orden* n a todas aquellas agrupaciones de *n* de los *m* elementos en las que puede haber elementos repetidos, siendo distintas dos variaciones si difieren en alguno de sus elementos o, teniendo los mismos, en su orden. Lo simbolizaremos con $VR_{m,n}$.

Siguiendo un razonamiento análogo al utilizado para hallar $V_{m,n}$, con la única diferencia de que ahora, a partir de las variaciones de orden 1, en las siguientes pueden elegirse cada vez todos los elementos (pues pueden repetirse), se llega con facilidad a la conclusión de que $VR_{m,n} = m^n$.

¿Cuántos números de 4 cifras pueden formarse? Como hay 10 cifras distintas (0, 1, 2, …, 8, 9), se trata de variaciones con repetición de orden 4 de los 10 números dados: $VR_{10,4} = 10^4 = 10.000$ números (entendiendo que números como 0325, 0076 o 0005 son números de cuatro cifras). ¿Cuántos de esos números tienen todas las cifras diferentes? Ahora son las variaciones sin repetición: $V_{10,4}=10\cdot 9\cdot 8\cdot 7=5.040$. El resto de números de cuatro cifras (4.960) tiene alguna cifra repetida.

CÓMO ACERTARLA

Si queremos acertar con seguridad los resultados de una quiniela de fútbol tendremos que rellenar boletos con todos los resultados posibles. Recordemos que el número de resultados posibles por partido es de 3, y los partidos de esta quiniela en particular son 14. ¿Cuántos boletos habría que rellenar? Las variaciones con repetición de 3 elementos tomados 14 a 14, es decir, $VR_{3,14}=3^{14}=4.782.969$ apuestas. Si buscamos el pleno al 15 (opción en la que es preciso acertar el resultado de 15 partidos), son 3 veces más, es decir, $VR_{3,15}=3^{15}=14.348.907$ apuestas. Es evidente que no es un buen negocio: seguramente nos gastaríamos más dinero del que nos pagarían en premios.

Combinaciones

Centraremos ahora nuestra atención en dos problemas: cómo seleccionar 4 de los 22 alumnos de una clase para tocar la flauta y cómo preparar copas de 2 bolas de helado de distinto sabor con 5 sabores diferentes. Ambos problemas tienen cosas en común:

— Se trata de seleccionar una muestra (de 4 estudiantes de los 22 o 2 de los 5 sabores de helado).
— El orden de selección es indiferente (los 4 alumnos van a hacer lo mismo, y los sabores fresa-nata, nata-fresa dan lugar a la misma copa).
— No pueden repetirse los elementos (un estudiante no puede tocar más de una flauta, y tampoco pueden repetirse los sabores en la copa).

En ambos casos se trata de *combinaciones*. Dado un conjunto de m elementos diferentes, llamaremos *combinaciones de orden* n o *combinaciones de* m *elementos tomados* n *a* n a todas aquellas agrupaciones de n de los m elementos en las que no puede haber elementos repetidos, «siendo distintas dos combinaciones únicamente si difieren en alguno de sus elementos». Lo simbolizaremos con $C_{m,n}$.

Consideremos el conjunto 1, 2, 3, …, *m*. Vamos a formar las combinaciones de orden *n* de estos *m* elementos y a calcular su número. Como ocurre con las variaciones, cada uno de los elementos considerado aisladamente constituye una combinación de orden 1.

1	2	3	4	5	…	*m*.

En consecuencia, $C_{m,1} = m$.

Formamos las combinaciones de orden 2 colocando a la derecha de las de orden 1 todos y cada uno de los elementos posteriores al que las constituye:

12	13	14	15	16	…	1*m*
	23	24	25	26	…	2*m*
		34	35	36	…	3*m*
			45	46	…	4*m*.

Continuando este proceso, esto es, añadiendo a la derecha de cada combinación todos los elementos posteriores al último que las constituyen, obtendríamos las combinaciones de orden 3:

123	124	125	126	127	…	12*m*
	134	135	136	137	…	13*m*
	234	235	236	237	…	23*m*
		145	146	147	…	14*m*
		245	246	247	…	24*m*
		345	346	347	…	34*m*.

Si proseguimos del mismo modo, formaremos las combinaciones de orden 4, 5, etc.

Consideremos todas las combinaciones de orden 3 de 5 elementos (1, 2, 3, 4 y 5):

123	124	125	134	135	145
234	235	245	345.		

Tomando una a una estas combinaciones y formando a partir de cada una de ellas todas las permutaciones posibles de sus elementos, obtendríamos las variaciones de orden 3 de los 5 elementos. Consideremos, por ejemplo, la primera combinación y formemos todas sus permutaciones. Obtendríamos:

123	132	213	231	312	321.

En consecuencia, el número de variaciones de orden 3 de 5 elementos se puede expresar de la siguiente forma:

$$V_{5,3}=C_{5,3}\cdot P_3,$$

de donde deducimos que:

$$C_{5,3}=\frac{V_{5,3}}{P_3}=\frac{5\cdot 4\cdot 3}{3\cdot 2\cdot 1}=\frac{60}{6}=10.$$

Generalizando este resultado, podemos hallar $C_{m,n}$:

$$C_{m,n}=\frac{V_{m,n}}{P_n}=\frac{m\cdot(m-1)\cdot\ldots\cdot(m-n+1)}{n\cdot(n-1)\cdot\ldots\cdot 3\cdot 2\cdot 1}=\frac{\frac{m!}{(m-n)!}}{n!}=\frac{m!}{n!\cdot(m-n)!}.$$

En los casos del inicio, para seleccionar 4 de los 22 estudiantes para tocar la flauta tendríamos las siguientes formas distintas:

$$C_{22,4}=\frac{V_{22,4}}{P_4}=\frac{22\cdot 21\cdot 20\cdot 19}{4\cdot 3\cdot 2\cdot 1}=\frac{175.560}{24}=7.315.$$

El número de copas de helado con dos bolas de sabores diferentes sería:

$$C_{5,2}=\frac{V_{5,2}}{P_2}=\frac{5\cdot 4}{2\cdot 1}=\frac{20}{2}=10.$$

También se puede utilizar el modelo de colocación de objetos en cajas.

— El primer caso es el reparto de 4 objetos iguales (las flautas) en 22 cajas distintas (los estudiantes); en el segundo, se trata de repartir 2 objetos iguales (las bolas) en 5 cajas distintas (los sabores).
— En ambos casos no puede colocarse más de un objeto en cada caja.
— El orden de colocación de los objetos es indiferente.

Diremos que las distintas formas de colocar *m* objetos iguales en *n* cajas diferentes, de modo que en cada caja no se coloque más de un objeto, son también *combinaciones de* m *elementos tomados* n *a* n.

Si existe la posibilidad de que los elementos se repitan, tendremos *combinaciones con repetición*. Dado un conjunto de m elementos, llamaremos *combinaciones con repetición de orden* n a todas aquellas agrupaciones de n de los m elementos en las que puede haber elementos repetidos, siendo distintas dos combinaciones si difieren en alguno de ellos. Se simboliza $CR_{m,n}$.

El proceso de formación de las combinaciones con repetición es análogo al de las combinaciones ordinarias, y sólo hay que tener en cuenta que al pasar de un orden al siguiente vamos escribiendo a la derecha del último elemento, además de los posteriores a él, el propio elemento.

La deducción del número de combinaciones con repetición es compleja, por lo que nos limitaremos a dar la fórmula de cálculo:

$$CR_{m,n} = C_{m+n-1,n} = \frac{(m+n-1)!}{n! \cdot (m-1)!}.$$

En el caso de los helados, aplicando la fórmula anterior tendremos las siguientes copas diferentes con dos bolas de helado (quizá del mismo sabor).

$$CR_{5,2} = C_{6,2} = \frac{6!}{2! \cdot 4!} = \frac{720}{2 \cdot 24} = 15.$$

Como era de esperar, son las 10 copas de dos sabores diferentes que ya habíamos hallado, más las cinco con dos bolas del mismo sabor.

DISTINCIÓN ENTRE COMBINACIONES Y VARIACIONES

Para distinguir cuándo se trata de combinaciones y cuándo de variaciones puede ser de utilidad la siguiente situación. Tenemos 12 colores diferentes y queremos hacer:

a) Banderas tricolores de franjas horizontales.

b) Nuevos tonos mezclando tres colores diferentes.

¿Cuántos conseguiremos en cada caso? En el segundo da igual el orden en que los pongamos, puesto que no habrá cambios en el resultado final: son combinaciones de 12 colores tomados de 3 en 3 (220 diferentes). Para las banderas hay que ver cómo se colocan las franjas, pues en este caso el orden interviene: son variaciones de 12 colores tomados de 3 en 3 (1.320 diferentes).

Números combinatorios

Se llama *número combinatorio de orden* n al número de combinaciones de orden n de m elementos. Se representa

$$\binom{m}{n}$$

y se lee «m sobre n». Según la definición, obtenemos:

$$\binom{m}{n} = C_{m,n} = \frac{m!}{n! \cdot (m-n)!}.$$

Al valor superior, m, se le suele llamar *numerador*, y al inferior, n, *orden* del número combinatorio, y tiene que cumplirse que $m \geq n$. Por ejemplo:

$$\binom{5}{3} = \frac{5!}{3! \cdot 2!} = \frac{5 \cdot 4 \cdot 3!}{3! \cdot 2} = \frac{20}{2} = 10$$

$$\text{y} \binom{10}{2} = \frac{10!}{2! \cdot 8!} = \frac{10 \cdot 9 \cdot 8!}{2 \cdot 8!} = \frac{10 \cdot 9}{2} = 45.$$

Propiedades

Los números combinatorios cumplen una serie de propiedades:

1. Un número combinatorio de orden 0 vale 1:

$$\binom{m}{0} = \frac{m!}{0! \cdot (m-0)!} = \frac{m!}{m!} = 1.$$

2. Todo número combinatorio de primer orden es igual al numerador:

$$\binom{m}{1} = \frac{m!}{1! \cdot (m-1)!} = \frac{m \cdot (m-1)!}{(m-1)!} = m.$$

3. Todo número combinatorio cuyo orden coincide con el numerador es igual a la unidad:

$$\binom{m}{m}=\frac{m!}{m!\cdot 0!}=\frac{m!}{m!}=1.$$

4. Números combinatorios *complementarios* son aquellos cuyos órdenes suman el numerador:

$$\binom{m}{n} \text{ y } \binom{m}{m-n}.$$

Dos números combinatorios complementarios tienen el mismo valor:

$$\binom{m}{m-n}=\frac{m!}{(m-n)!\cdot n!}=\frac{m!}{n!\cdot(m-n)!}=\binom{m}{n}.$$

5. La suma de dos números combinatorios del mismo numerador y órdenes sucesivos es otro número combinatorio cuyo numerador es una unidad mayor que el numerador de los números combinatorios sumados, y cuyo denominador es igual al mayor de sus órdenes:

$$\binom{m}{n}+\binom{m}{n+1}=\binom{m+1}{n+1}.$$

Veamos los ejemplos siguientes:

1. $\binom{100}{98}=\binom{100}{2}=\frac{100!}{2!\cdot 98!}=\frac{100\cdot 99\cdot 98!}{2\cdot 98!}=\frac{100\cdot 99}{2}=4.950.$

2. $\binom{7}{1}=\binom{7}{6}=\frac{7!}{6!\cdot 1!}=\frac{7\cdot 6!}{6!}=7.$

3. $\binom{4}{4}=\binom{4}{0}=\frac{4!}{0!\cdot 4!}=\frac{1}{0!}=\frac{1}{1}=1.$

PÓQUER

En el juego del póquer hay diferentes manos (cinco cartas seleccionadas sin reemplazo de una baraja sajona de 52 cartas) con valores diferentes: cuanto más difícil es de obtener, más valor tiene. El número de manos diferentes que se pueden tener es el número de combinaciones de las 52 cartas tomadas de 5 en 5:

$$C_{52,5}=\binom{52}{5}=\frac{52!}{5!\cdot 47!}=2.598.960.$$

No está mal: más de dos millones y medio de posibilidades.

¿Cuántas de ellas es un póquer (cuatro cartas con la misma numeración y la otra diferente)? Como hay 13 números distintos en cada palo, puede darse la igualdad en 13 casos, y en cada uno de ellos la otra carta puede ser una cualquiera de las 48 cartas restantes de la baraja. Por tanto, el número K de póqueres es $K=13\cdot 48=624$.

Para un ful (tres cartas de una numeración y dos de otra diferente) existen 13 posibles numeraciones para el trío, cada uno de los posibles números del trío por cada uno de los tres palos posibles para formarlo: $C_{13,1}\cdot C_{4,3}=13\cdot 4=52$. Para la pareja que lo acompaña, como tiene que ser de un número diferente al del trío (porque no puede haber dos más iguales, y si hubiera uno tendríamos un póquer), habrá 12 posibles parejas de dos palos, luego $12\cdot C_{4,2}=12\cdot 6=72$. Por cada uno de los tríos puede haber una pareja, luego el número total F de posibles fules es $F=52\cdot 72=3.744$. Una cifra pequeña, como se ve, pero mucho mayor que la de posibles póqueres: ¡seis veces más!

Para el caso de una escalera de color (cinco cartas consecutivas del mismo palo), como en cada palo hay 13 cartas, se pueden obtener 9 escaleras diferentes en cada uno; en total, 36 escaleras de color.

Una vez vistas las posibilidades de cada una de las manos (que son para el primero que recibe las cartas y que varían para los siguientes en función de lo que han recibido los anteriores) se entiende mejor el valor de las jugadas: cuantas menos hay, éstas resultan más valiosas.

El triángulo de Pascal

Cuando necesitamos obtener una serie completa de números combinatorios, como:

$$\binom{4}{0}\ \binom{4}{1}\ \binom{4}{2}\ \binom{4}{3}\ \binom{4}{4},$$

la forma más sencilla de calcularlos es construir el llamado triángulo de Tartaglia o de Pascal hasta la fila correspondiente, aunque ahora puede hacerse con ordenadores o calculadoras. A pesar de su nombre, la existencia de este triángulo numérico está datada muchos años atrás, en las antiguas civilizaciones india (2.000 años antes de Pascal) o china (1.700 antes de Pascal). El matemático francés hizo un amplio uso de este triángulo en el cálculo de probabilidades, por lo que ha quedado asociado a su nombre. Es un triángulo de números fácil de obtener: todas las filas empiezan y terminan en 1; la primera está formada por dos unos; cada uno de los números intermedios de las filas inferiores se obtiene sumando los dos de la fila anterior que están inmediatamente a su izquierda y a su derecha. Pues bien, resulta que los números de la fila n corresponden a los números combinatorios de numerador n.

$$\begin{array}{ccccccccc} & & & 1 & & 1 & & & \\ & & 1 & & 2 & & 1 & & \\ & 1 & & 3 & & 3 & & 1 & \\ 1 & & 4 & & 6 & & 4 & & 1 \end{array} \iff \begin{array}{ccccccccc} & & & \binom{1}{0} & & \binom{1}{1} & & & \\ & & \binom{2}{0} & & \binom{2}{1} & & \binom{2}{2} & & \\ & \binom{3}{0} & & \binom{3}{1} & & \binom{3}{2} & & \binom{3}{3} & \\ \binom{4}{0} & & \binom{4}{1} & & \binom{4}{2} & & \binom{4}{3} & & \binom{4}{4} \end{array}$$

De este modo obtendríamos fácilmente los valores de la serie de números combinatorios que nos interesa. En nuestro caso, la cuarta fila nos permite conocer que:

$$\binom{4}{0}=1;\quad \binom{4}{1}=4;\quad \binom{4}{2}=6;\quad \binom{4}{3}=4;\quad \binom{4}{4}=1.$$

El laberinto de Comellas

A veces, el recuento de las posibilidades se utiliza en contextos inesperados, con peculiares aplicaciones y conclusiones sorprendentes. En el libro *Nociones de prosodia y sus aplicaciones al arte métrica*, de Bartolomé Comellas, publicado en Palma de Mallorca en 1876, se propone en el apartado «Laberintos», el siguiente ejemplo: Empezando por la «D», y terminando en la «S» en todos los puntos de la hipotenusa en que se hallan, de cuántas formas podrá leerse la sentencia «Dios está en todas partes».

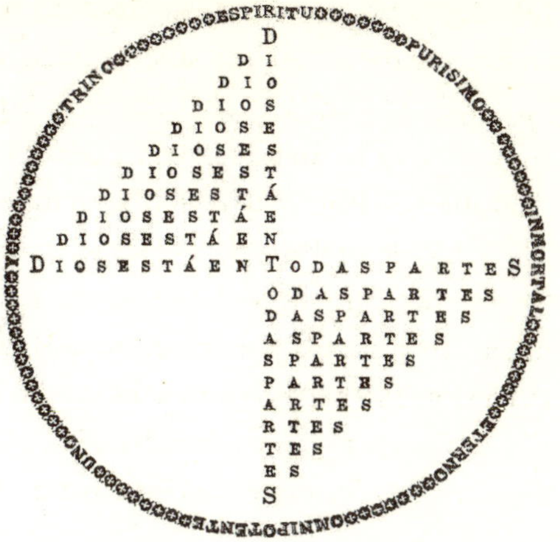

Comellas da la solución: ni más ni menos que $1.024^2 = 1.048.576$ veces. ¡Más de un millón de formas! Le dejamos al lector la tarea de que las encuentre por sí mismo o que corrobore lo dicho por el autor, aunque sí adjuntamos los comentarios de este último:

«En el laberinto figuran varias ideas alegóricas o simbólicas. Los triángulos representan a Dios, Trino y Justo.

»En la hipotenusa del primero, que es el lado principal del triángulo, está el nombre *Dios*, y además en el centro de toda la figura, la letra inicial de las equivalentes al signo griego con el que empiezan *Theos*, *Dios*, y los nombres grecolatinos, *Theologia Theodicea*, que a Él se refieren.

»La circunferencia o corona de estrellas, en la que se leen los atributos de Dios, representa la Eternidad, como la representaban los antiguos por medio de una serpiente enroscada, mordiéndose el extremo de la cola, y la inmensidad y omnipotencia de Dios Creador.

»El círculo representa el catolicismo.

»Los catetos, formando una cruz, representan el cristianismo como la verdadera religión o culto de Dios.

»Los dos triángulos, que tienen la forma de un reloj de arena, ya se considere fijo e inclinado, ya girando sobre su eje, representan el tiempo que no pasa por Dios, o su presciencia y coexistencia.

»La imposibilidad moral de leer todas las formas del laberinto, sin repetirlas ni confundirlas, representa lo incomprensible e inexplicable de los misterios de la verdadera religión, como uno de los caracteres de lo infinito y divino».

Es digno de destacar en particular este último párrafo, aplicable, por otra parte, a cualquier religión.

El juego de los dados musicales de Mozart

Wolfgang Amadeus Mozart (1756-1791) inventó un juego con el que, con ayuda de dos dados, se pueden componer piezas musicales de 16 compases sin tener ni idea de música ni de composición. Su *Musikalisches Würfelspiel* es un generador de piezas musicales: no contiene una partitura para una pequeña pieza de 16 compases, sino que se trata de un sistema que, a partir de los resultados obtenidos al lanzar dos dados, puede generar una ingente cantidad de piezas musicales diferentes de 16 compases cada una. Mozart escribió 176 compases numerados del 1 al 176 y los organizó en una tabla de 16 columnas, cada una de las cuales tiene 11 filas con un compás cada una. El procedimiento para generar una «pieza» particular con ayuda del azar es el siguiente: se lanzan los dos dados 16 veces (una por columna), y en cada lanzamiento se selecciona el compás cuya fila corresponde a la suma de los números de los dos dados (11 posibles resultados, del 2 al 12).

	1	2	3	4	5	6	7	8	9	10	11	12	13	14	15	16
2	96	22	141	41	105	122	11	30	70	121	26	9	112	49	109	14
3	32	6	128	63	146	46	134	81	117	39	126	56	174	18	116	83
4	69	95	158	13	153	55	110	24	66	139	15	132	73	58	145	79
5	40	17	113	85	161	2	159	100	90	176	7	34	67	160	52	170
6	148	74	163	45	80	97	36	107	25	143	64	125	76	136	1	93
7	104	157	27	167	154	68	118	91	138	71	150	29	101	162	23	151
8	152	60	171	53	99	133	21	127	16	155	57	175	43	168	89	172
9	119	84	114	50	140	86	169	94	120	88	48	166	51	115	72	111
10	98	142	42	156	75	129	62	123	65	77	19	82	137	38	149	8
11	3	87	165	61	135	47	147	33	102	4	31	164	144	59	173	78
12	54	130	10	103	28	37	106	5	35	20	108	92	12	124	44	131

Sin entrar en detalles, como que algunos compases son iguales aunque tengan distinto número que los identifica, el número de posibles composiciones es de ¡11^{16}! Si se interpretaran continuamente todas las partituras posibles, y cada interpretación durara sólo treinta segundos, para agotar todas las posibilidades se necesitarían más de 40.000 millones de años y sin que la música se detuviera en ningún momento. Los científicos estiman que el Big Bang (inicio del universo tal como lo conocemos) tuvo lugar entre 13.000 y 15.000 millones de años atrás, y que nuestro Sol durará todavía unos 5.000 millones de años. Luego, la interpretación de todas las piezas posibles generadas con los dados necesitaría la colonización de otros sistemas solares. ¡Tenemos música para rato!

Queneau y la poesía combinatoria

Raymond Queneau (1903-1976), poeta y matemático miembro del grupo Oulipo, realizó un experimento similar al de Mozart pero con sonetos. Escribió el libro *Cent milliards de poèmes* (*Cien millardos de poemas*, es decir, cien mil millones de poemas). Como el autor afirma en el prólogo, «esta pequeña obra permite a todo el mundo componer millardos de sonetos, todos regulares y comprensibles».

El librito es pequeño: diez hojas, cada una con un soneto. Pero cada hoja está dividida en catorce tiras, cada una de las cuales contiene un verso del soneto que aparece en la hoja. Combinando las tiras horizontales se pueden formar 10^{14} sonetos. Si gastásemos medio minuto en leer uno de esos sonetos (una velocidad endiablada), y ningún tiempo para cambiar de soneto, se necesitarían más de 95 millones de años para leerlos (sin parar ni descansar).

Ejemplar de Cien millardos de poemas, *libro cuyo título alude a la cantidad de sonetos que pueden escribirse combinando sus versos.*

El caso de los sonetos, junto con el de la música de Mozart, nos dan una idea de la cantidad de grupos que pueden obtenerse con unos pocos elementos de partida, lo que pone de manifiesto la necesidad de contar con estrategias adecuadas para contar todas las posibles situaciones a las que puede dar lugar una experiencia.

Capítulo 2

La historia de la probabilidad

El inicio de las matemáticas, tal como las conocemos en la actualidad, se remonta a la Grecia clásica, como casi toda nuestra cultura. Las bases de lo que han sido después las matemáticas se sentaron en la antigua Grecia hace unos 2.300 años en la obra de Euclides *Elementos de geometría*, uno de los grandes «best sellers» de la historia, y no sólo de la literatura científica. El objetivo de Euclides al escribir el libro era doble: por una parte, recopilar los resultados matemáticos conocidos en su época (para disponer de una especie de enciclopedia que pudiera emplearse a modo de libro de texto en la enseñanza) y, por otra, obtener un modelo de actuación para demostrar resultados y construir una teoría matemática, con axiomas y reglas de deducción. Así lograba separar la verdad matemática de la realidad física circundante. Partía de unos pocos resultados «evidentes» en sí mismos y, mediante unas leyes predeterminadas, llegaba a nuevas verdades. Todo el edificio estaba sustentado en los axiomas, de forma que si éstos se cambiaban se obtenía una nueva matemática. Es lo que pasó cuando en el siglo XIX se puso en cuestión uno de los postulados menos evidentes, el quinto, que dice que «por un punto se puede trazar una, y sólo una, paralela a una recta dada», y que al refutarlo dio lugar a otras geometrías, llamadas «no-euclideas».

El objetivo último de la matemática griega, cuya máxima realización era la geometría, era encontrar verdades, certezas. Por eso no seguía el camino más adecuado para descubrir resultados relacionados con la incertidumbre. Dicho de otra forma, si de lo que se trataba era de demostrar, a partir de unos pocos axiomas (aceptados sin demostración), toda una cadena de certezas de resultados irrebatibles, los antiguos griegos se movían en la dirección contraria de la que hay que seguir para tratar con el azar. Insistían en encontrar la verdad absoluta y se revelaban en contra de todos los pronunciamientos inciertos.

Por eso ni en los *Elementos* ni en ningún libro griego posterior existe nada relacionado con la probabilidad: había una dificultad mental insuperable por el punto de vista que se adoptaba. Y eso a pesar de que los griegos, como otras civilizaciones anteriores y coetáneas, tenían una gran adicción a los juegos, en particular a los relacionados con el uso de astrágalos (tabas) y dados, como demuestran los hallazgos arqueológicos. Pero existían otros inconvenientes: los griegos creían que la voluntad de los dioses se revelaba por diversos procedimientos, que incluía los resultados de los lanzamientos de tabas, de tal manera que si salía un determinado resultado, ése era el deseo expreso de los dioses, y no tenía ningún sentido intentar comprender lo que iba a pasar, la aleatoriedad. Así aparece en algunos de los escritos de Sócrates o de Platón.

Además, los griegos padecían otro inconveniente que casi imposibilitaba el tratamiento del tema: un sistema de numeración poco apropiado que hacía muy difíciles los cálculos (aunque no les impidió el estudio de los temas que les interesaban, las propiedades de los números o los distintos tipos de números, como los primos, los perfectos, los amigos, los poligonales...). Es sabido que el sistema de numeración romano tampoco era el mejor para realizar cálculos, pero el de los griegos era aún peor: éstos también usaban sus letras para representar los números; como tenían 24 letras, las 9 primeras simbolizaban los números del 1 al 9; las 9 siguientes, las decenas del 10 al 90, y las 6 restantes más otros tres símbolos, las centenas del 100 al 900. Tampoco tenían un 0, «invento» muy posterior de la civilización india. Esas carencias hacían difíciles los cálculos.

Otra dificultad añadida es que los instrumentos de azar que empleaban no eran regulares: una taba tiene seis caras, pero sólo cuatro son lo suficientemente estables

Pequeña escultura griega de terracota pintada, datada entre el 340 y el 330 a.C. y que muestra a dos mujeres jugando a las tabas; en sus manos se aprecian los pequeños huesos.

como para que se pose sobre ellas. Y de esas cuatro, con variaciones según los animales de los que proceda el hueso, las posibilidades se sitúan en torno al 40% en dos de las caras y al 10% en las otras dos.

En tiempos de los romanos, las matemáticas desplazaron su punto de vista, a pesar de que la cultura griega formaba el sustrato del pensamiento romano. Para ellos, lo más importante de las matemáticas no eran ni la verdad ni la belleza que tanto preocuparon a los griegos, sino su utilidad para medir, contar y calcular, y su aprovechamiento para vivir con más comodidad y lograr una superioridad militar. Dejaban de ser una de las partes más importantes del conocimiento y pasaban a ser una técnica útil. Por eso seguramente no legaron a la posteridad el nombre de ningún cultivador destacado de las mismas (al contrario de la pléyade de matemáticos griegos deslumbrantes que continúan teniendo fama hoy día: Pitágoras, Tales, Euclides, Diofanto, Arquímedes...), pero sí las emplearon como herramienta para el desarrollo de las técnicas necesarias para la realización de las impresionantes obras públicas que diseminaron por su extenso territorio, muchas de las cuales todavía siguen en pie en Europa, Asia y el norte de África.

Por eso, a pesar de creer que los instrumentos del azar eran una forma que tenían los dioses de manifestar sus deseos, comenzaron a tratar la probabilidad; de hecho, Cicerón escribió que «la probabilidad es la mismísima guía de la vida», y lo llevó a la práctica poniendo en cuestión que el resultado de una tirada de dados dependiera de una intervención directa de algún dios, en concreto de Venus. Ello le hizo poner en cuestión la astrología, creencia fuertemente enraizada entonces y que sigue teniendo muchos adeptos, como lo demuestra el hecho de que los horóscopos se incluyan en la mayoría de los periódicos. En todo caso, lo que sí nos dejó Cicerón es la palabra «probabilidad» (derivada de *probabilis*), que utilizamos hoy en día.

A lo largo de la Edad Media siguió sin haber un estudio del azar. Al poco desarrollo del pensamiento durante la misma y a los inconvenientes anteriores ya reseñados hay que añadir otro obstáculo importante: la influencia determinante de las ideas religiosas, según las cuales Dios está presente en todas partes. «Algunas causas se conocen, otras no, pero nada sucede sin causa», por lo que nada sería aleatorio, no habría nada producto del azar. El convencimiento de que todo suceso, importante o trivial, ocurre bajo la providencia divina fue un obstáculo severo para el desarrollo del cálculo de probabilidades. Como ejemplo, en el siglo XIII el rey Luis XI de Francia, siguiendo esa línea de pensamiento, censuró no sólo los juegos de azar sino también la fabricación de dados, equiparándolos a otros vicios de habitual reprobación, como la frecuentación de tabernas y la fornicación.

LOS PRIMEROS JUEGOS DE AZAR

Por diferentes medios (pinturas, terracotas, escritos) sabemos que las tabas eran usadas por muchas civilizaciones antiguas, como la egipcia, la griega o la romana. Excavaciones arqueológicas de hace 40.000 años han sacado a la luz una proporción de tabas hasta cinco veces superior a la de otros huesos, lo que hace pensar que en una fecha tan lejana los humanos las utilizaban en juegos de azar. En algunos países mediterráneos, como España, Francia y Grecia, se ha conservado, hasta casi la actualidad, la costumbre infantil de jugar con el astrágalo.

Uno de los instrumentos fabricados por el hombre más utilizados en los juegos de azar es el dado cúbico. El más antiguo que se conoce es de cerámica, se encontró en el norte de Irak y está datado a comienzos del tercer milenio antes de Cristo. Tiene una colocación de los puntos diferente de la actual (según la cual las caras opuestas de los dados suman 7), tal como se observa en la figura:

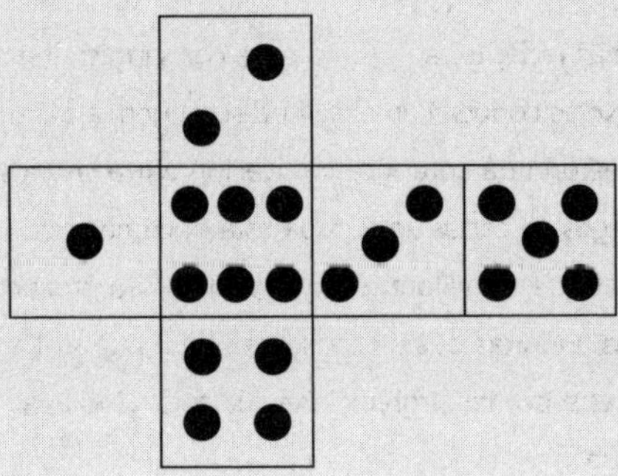

Los precursores de la probabilidad

Los primeros destellos fundados de aproximación a lo que más tarde se llamaría probabilidad se deben a grandes figuras del Renacimiento italiano, como Tartaglia, Peverone, Galileo y Cardano. Sus razonamientos aparecen en el contexto de juegos, como en el llamado «problema de la división o reparto». Luca Pacioli (ca. 1445-ca. 1517) en 1494 lo formula así: «Dos equipos juegan a la pelota de modo tal que se necesitan 60 puntos para ganar el juego y cada "gol" vale 10 puntos. Las apuestas son de 10 ducados. Por algún incidente no pueden terminar el juego y un bando se queda con 50 puntos y el otro, con 20. Se quiere saber qué participación del dinero del premio le corresponde a cada equipo».

Niccolò Fontana, llamado Tartaglia (1499-1557), razona la solución del problema: «Si suponemos que tenemos que llegar a 6 goles y *A* ya ha conseguido 5 y *B* ha

También del Egipto faraónico se han encontrado dados con puntos colocados en diferentes posiciones. Herodoto nos ha dejado constancia de cómo aplacaron en la antigua Libia una época de hambruna alrededor del año 1.500 a.C.: la gente jugaba durante todo el día sin parar, para no sentir hambre, y al día siguiente comía y no jugaba. Relata que de este modo pasaron cerca de dieciocho años.

En Grecia y Roma los juegos de azar eran una auténtica pasión. Homero cuenta que, siendo niño, Patroclo se enfadó tanto con un oponente jugando a las tabas que casi le mató. En Roma las tabas alcanzaron tal popularidad que en ciertas épocas se promulgaron leyes para prohibirlas, siendo el inicio de una larga historia de prohibiciones de juegos de azar. El emperador romano Claudio era tan aficionado a los dados que acostumbraba a jugar mientras viajaba e incluso escribió un libro sobre ellos.

El origen de la baraja es más reciente, aunque cuenta con la misma mala fama que el resto de los instrumentos de azar. No se conoce con exactitud su origen, a pesar de las diversas hipótesis formuladas, pero constituyeron una auténtica innovación entre las diversiones del hombre medieval. La existencia de juegos de cartas en Europa está documentada por primera vez en 1376 gracias a un decreto de la ciudad de Florencia que prohibía su práctica. De hecho, a pesar de que son raras las muestras antiguas que se conservan debido a su fragilidad, se puede seguir la implantación de este juego por las prohibiciones de todo tipo a las que se vio sometido en diferentes lugares de Europa.

conseguido 3, yo digo que el reparto más justo es de 2 a 1, puesto que *A* está dos juegos por delante de *B*. Esto es 1/3 del total de juegos requeridos para ganar. Por lo tanto, *A* debería tomar 1/3 de las apuestas. El remanente se divide equitativamente, dando a *A* una ventaja sobre *B* en la proporción 2 a 1». Pero el propio Tartaglia no estaba muy conforme con su razonamiento, al reconocer que: «La resolución de tal pregunta debe ser judicial más que matemática, de modo que, cualquiera que sea la manera en que se lleve a cabo la división, habrá causa para litigar».

En 1558, Giovanni Francesco Peverone (en su librito *Due brevi e facili trattati, il primo d'Arithmetica l'altro di Geometria*) lo resuelve de forma más correcta: «Supongamos que *A* sólo necesita ganar un juego más para llevarse el premio y que apuesta una unidad. Si a *B* también le queda un solo juego, apostará también una unidad. Entonces el premio debería dividirse igualmente. Si a *B* le quedan dos juegos, debería pagar 2 unidades más para llegar a la posición en que le quede un solo juego.

Por lo tanto, el premio debería dividirse en la forma 3 a 1. Si a B le quedan tres juegos, deberían pagar dos veces más nuevamente... y así, en el problema de Pacioli el premio se dividiría 7 a 1».

LA PREHISTORIA DE LA PROBABILIDAD

Para estudiar la probabilidad es conveniente haber abordado problemas de carácter combinatorio. Haciendo un rápido recorrido histórico, ya aparecen en el famoso libro chino *I Ching* (*Libro de las mutaciones*), del 1200 a.C., con sus combinaciones de triagramas místicos. Los filósofos griegos a veces realizaban consideraciones sobre problemas que hoy se resolverían con el cálculo combinatorio, pero no disponían de ninguna teoría sobre el tema. El pensador latino Boecio (siglo V) también describió con algún detalle una regla para encontrar las combinaciones de n objetos tomados de 2 en 2. Asimismo, el astrónomo tudelano A. Ben Meir Ibn Ezra (siglo XI) y el judío catalán Levi Ben Gerson (siglo XIV), estudiaron reglas para el cálculo de variaciones y combinaciones, llegando a calcular números combinatorios. En la Edad Media las situaciones combinatorias estaban asociadas a la magia alquimista de los signos. Por eso se suele mencionar al pensador y alquimista mallorquín Ramon Llull (siglo XIII) como fundador de la teoría de combinaciones, porque deseaba representar todos los elementos del universo mediante signos verdaderos, y luego, generando todas las combinaciones con ellos, producir verdaderos signos para todos los compuestos posibles. Galileo enumeró las 216 maneras distintas en las que podían caer tres dados perfectos, pero no utilizó la combinatoria, sino que se basó sólo en métodos aritméticos.

La invención de la imprenta de tipos móviles hizo aparecer tratados poco precisos sobre los diferentes juegos de moda, cuyas reglas se difundían hasta entonces por tradición oral. Girolamo Cardano (1501-1576) es el autor de *Liber de ludo aleae*, primer libro relacionado con el mundo del azar. Su objetivo es calcular las diferentes posibilidades del lanzamiento de varios dados, así como resolver problemas de división de lotes. Como no tiene una simbología adecuada, recurre constantemente a ejemplos concretos. A lo largo de todo el tratado no utiliza los actuales resultados sobre unión e intersección de sucesos, sino que se sirve sobre todo de dos métodos: recuento de las distintas posibilidades y el concepto de ganancia media. La obra comienza, curiosamente, con una serie de consejos moralizantes sobre los peligros del juego. Cardano trabajó con los conceptos de la conocida ahora como definición clásica de la probabilidad, aunque no los definió.

Introdujo la idea de asignar un número (probabilidad) p entre 0 y 1 a un suceso cuyo resultado se desconoce, considerando el número total de resultados y el número de resultados favorables. También llegó a atisbar lo que ahora se conoce como «ley de los grandes números», al afirmar que si la probabilidad de un suceso es p, después de un número grande de repeticiones N lo razonable es apostar que ocurrirá alrededor de Np veces. Pero Cardano no llegó a reconocer la importancia teórica de estos conceptos, porque consideraba estas relaciones como meramente aritméticas más que como una medida de la posibilidad de ocurrencia de un suceso aleatorio.

Más tarde, Galileo Galilei (1564-1642) volvió a estudiar y resolver algunos de los problemas ya planteados por Cardano y escribió entre 1613 y 1624 un tratado sobre el tema, que en sus obras escogidas, publicadas en 1718, aparece con el título *Considerazione Sopra il Gioco dei Dadi*. En él se incluye el problema siguiente: «Al tirar un dado equilibrado, con iguales posibilidades se obtienen 1, 2, 3, 4, 5 o 6 puntos. En caso de tirar dos dados, la suma de los puntos obtenidos está comprendida entre 2 y 12. Tanto el 9 como el 10, a partir de los números 1, 2, 3, 4, 5, 6 se pueden obtener de dos formas distintas: $9 = 3 + 6 = 4 + 5$ y $10 = 4 + 6 = 5 + 5$. En el problema con tres dados, tanto el 9 como el 10 se obtienen de varias formas, que son las siguientes: suma 10 se obtiene en cualquiera de los sucesos {(1,3,6), (1,4,5), (2,2,6), (2,3,5), (2,4,4) y (3,3,4)}, mientras que los casos favorables de suma 9 son {(1,2,6), (1,3,5), (1,4,4), (2,2,5), (2,3,4) y (3,3,3)}; en los dos casos hay 6 eventos favorables. ¿Cómo es posible entonces que al tirar muchas veces los tres dados me salga más veces la suma 10 que la 9?».

Para resolverlo, Galileo lleva a cabo un cuidadoso análisis de todas las sumas de puntos que pueden darse al lanzar tres dados, que le lleva a ver que hay 216 casos posibles. De ellos, 27 son favorables a que la suma sea 10, y 25, a que sea 9. Es notable su razonamiento, análogo al que se hace actualmente, lo que nos invita a pensar que el concepto de caras «igualmente probables» de un dado correcto ya era conocido en el siglo XVI.

Pero la principal contribución de Galileo a la teoría de la probabilidad fue la creación de la teoría de la medida de errores. Galileo creía que los errores de medida son inevitables y que eran de dos tipos: «sistemáticos», debidos a los métodos y las herramientas de medida, y «aleatorios», que varían de forma impredecible de una medida a otra. Es una clasificación que sigue en vigor, y con estas ideas Galileo no sólo contribuyó al desarrollo de la teoría de la probabilidad, sino que sentó las bases para el nacimiento de la estadística.

LA ESTADÍSTICA

No existen los tratados de probabilidad y hay pocas alusiones a la misma, pero sí que han quedado registrados los trabajos estadísticos que llevaron a cabo las diferentes civilizaciones. En China, en fechas tan lejanas como el 2000 a.C., durante la dinastía Hsia, ya se hicieron censos, y en la dinastía Chow (1111 a.C.-211 a.C.) existía una figura administrativa al cargo de esos trabajos. Del mismo modo, durante el Imperio Romano un importante funcionario, el censor, era quien se encargaba de los censos, como su nombre indica. Hay referencias a la realización de estadísticas en la India desde el siglo IV, en el Antiguo Testamento y en el Egipto de los faraones, donde se registraba el nivel de las aguas del Nilo. Pero hubo que esperar hasta el siglo XVII para que John Graunt (1620-1674) realizara sus previsiones de mortalidad, relacionando estadística y probabilidad, algo que ha llegado hasta el presente.

En nuestro país el primer censo estadístico lo llevó a cabo el rey Fernando el Católico en 1495: el «fogaje» del Reino de Aragón. Se llama así porque hacía el recuento a partir de los «fuegos» u hogares de su territorio, y responde a la necesidad de conocer sus disponibilidades económicas y de reclutamiento ante las noticias de un posible ataque desde el norte por parte del rey de Francia. El detenido recuento de las poblaciones de cada lugar, de los oficios a los que se dedicaba cada cual, así como la constatación de los pobres (no aptos para el esfuerzo económico) proporcionaba una valiosa información sobre la actividad productiva y la realidad poblacional (permitiendo conocer la localización e importancia absoluta y relativa de cristianos y musulmanes), lo que daba una precisa foto fija de la realidad de aquellos años.

El inicio de la teoría de la probabilidad

Fueron muchos (e ilustres) los precursores, pero hay casi una completa unanimidad en considerar que cuando comienza de verdad la teoría de la probabilidad es en la correspondencia entre Pascal y Fermat en su intento por resolver los problemas que había propuesto al primero el Caballero de Méré.

Parece ser que hacia 1652, durante un viaje, el estricto y espiritual Blaise Pascal (1623-1662) coincidió con el mundano y jugador Antoine Gombauld, conocido como el caballero de Méré (1607-1684), uno de los muchos nobles apasionados por los juegos de dados y cartas, una especie de jugador profesional, hombre ilustrado e inteligente, alguien que con buen criterio entendió que reflexionar sobre el juego y tener un mejor conocimiento del mismo le proporcionaría ventajas. En la conver-

Retratos de Pierre de Fermat (izquierda) y Blaise Pascal.

sación propuso a Pascal una serie de problemas que cautivaron a éste y de los que hizo partícipe a Pierre de Fermat (1601-1665).

En la correspondencia entre ambos se potenciaron las dos grandes inteligencias y se dio un inicio serio al cálculo de probabilidades. Hay que destacar que Fermat y Pascal, a pesar de la profundidad de su relación científica, de ser ambos franceses y de vivir en Toulouse y París, a una distancia que hoy consideraríamos cercana (unos 600 km), nunca se conocieron personalmente. Su relación fue sólo epistolar (lo que nos debería hacer valorar las facilidades de comunicación actuales y la ayuda que suponen para la creación científica).

Los tres problemas que De Méré propuso a Pascal y que tanto «juego» han dado a la posteridad eran:

1. Supongamos que dos jugadores, A y B, participan en una apuesta de 60$. Convienen en que el primero que haga 3 puntos ganará toda la apuesta, pero, cuando A ha ganado 2 puntos y B ha ganado 1, de mutuo acuerdo deciden dejar el juego. ¿Cómo tendrían que repartirse la apuesta de 60$?
2. En el juego del lanzamiento de 3 dados, ¿quién tiene más posibilidades de ganar: el que apuesta al número 9 o el que apuesta al número 10?
3. ¿Es o no ventajoso jugar a apostar que, al menos, aparece un 6 en cuatro tiradas de un dado?

Al primero ya nos hemos referido en una formulación ligeramente diferente. Sobre el segundo, De Méré confesó a Pascal que tenía la intuición de que era mejor apostar al 10 que al 9, aunque no encontraba una explicación clara, porque el número de descomposiciones diferentes del 10 y del 9 como suma de 3 sumandos (entre 1 y 6, los posibles resultados del dado) era la misma. En efecto, hay seis posibles sumas en cada caso:

$$9 = 1+2+6 = 1+3+5 = 1+4+4 = 2+2+5 = 2+3+4 = 3+3+3;$$
$$10 = 1+3+6 = 1+4+5 = 2+2+6 = 2+3+5 = 2+4+4 = 3+3+4.$$

La intuición de De Méré era fundada, porque haciendo sencillos cálculos sobre los casos favorables a que salga 9 o 10, resulta que:

— Probabilidad de ganar apostando al $9 = 25/216$.
— Probabilidad de ganar apostando al $10 = 27/216$.

Es decir, una pequeña diferencia, de sólo 1/108, en favor del 10 frente al 9. De manera que si se juega una vez es casi irrelevante, pero no si se juega de forma sistemática. No cabe duda que De Méré poseía la intuición de un gran jugador, seguramente producto de su larga experiencia.

La solución (en lenguaje actual) que Pascal dio del tercer problema fue que la probabilidad de que en una tirada no salga un 6 es igual a 5/6; como todas las tiradas son independientes entre sí, porque el resultado de una no influye en la otra, la probabilidad de que en las cuatro tiradas no salga ningún 6 será (según veremos en el capítulo siguiente):

$$P\,(\text{ningún } 6) = 5/6 \cdot 5/6 \cdot 5/6 \cdot 5/6 = 5^4/6^4 = 671/1.296 = 0{,}518 = 51{,}8\%.$$

Esa probabilidad es ligeramente mayor que 0,5, luego es una apuesta algo ventajosa que no salga ningún seis; pero se necesitan muchas partidas para apreciar la ligera diferencia entre el 51,8% y el 48,2% de sacar al menos un 6. De nuevo se aprecia la perspicacia de un jugador empedernido pero inteligente.

Para ver cómo resolvían los problemas Pascal y Fermat, analicemos el problema del reparto, que Pacioli y Cardano habían estudiado un siglo antes. No fue algo improvisado, sino que durante dos años Pascal pensó en el tema y luego se lo comunicó a Fermat. En una de las primeras cartas que intercambiaron (que se extendieron a lo largo de dos años) Pascal cuenta a Fermat su encuentro con De Méré y le hace saber su solución al problema del reparto, que nos da una idea clara de su manera de proceder: «He aquí aproximadamente cómo lo hago para saber el valor de cada una de las partidas cuando dos jugadores juegan, por ejemplo, en tres partidas, y cada uno ha puesto en el juego 32 monedas. Supongamos que el primero tenga dos puntos y el otro, uno; ahora juegan una partida cuya suerte es que, si el primero la gana, gana todo el dinero que está en juego, a saber, 64 monedas; si el otro la gana, son dos puntos contra dos puntos, y, por consiguiente, si quieren separarse es preciso que retire cada uno lo que ha puesto, a saber, 32 monedas cada uno. Considerad, señor, que si gana el primero, le pertenecen 64; si pierde, le pertenecen 32. Ahora bien, si no quieren arriesgar esta partida y separarse sin jugarla, el primero debe decir: «estoy seguro de tener 32 monedas, porque la pérdida misma me las da; pero para las otras 32, quizá las tendré yo, quizá las tendréis vos; el azar es igual, repartamos, pues, estas 32 monedas, mitad por mitad, y me dais, además de éstas, las 32 monedas que me corresponden con seguridad». Tendrá, pues, 48 monedas, y el otro, 16».

La carta concluye con la frase bien conocida «El caballero Méré tiene mucho talento, pero no es geómetra [matemático]; esto es, como sabéis, un gran defecto», lo que no deja de ser una manifestación de autoestima por la profesión, algo habitual entre sus miembros, pero no tan extendido entre la sociedad en general.

Casi a la vez, Fermat resolvió el problema siguiendo un método completamente diferente y que, además, generalizaba la solución, lo que fue muy estimulante para Pascal: «Ya ve [le escribió a Fermat] que la verdad es la misma en Toulouse [donde vivía Fermat] que en París [donde él tenía su residencia]».

Como «beneficios colaterales» de toda esta reflexión, Pascal desarrolló toda una serie de estudios de combinatoria, publicando en 1665 su *Tratado sobre el triángulo aritmético*, la más importante contribución y sistematización realizada hasta entonces en combinatoria. El libro comienza con la construcción de lo que se conoce desde entonces como «triángulo de Pascal», que ya hemos visto.

Hacia 1655, el holandés Christiaan Huygens (1629-1695) entró en contacto con las ideas de Pascal y de Fermat, por mediación de Roberval, profesor de matemáticas en el Collège Royal de Francia, y comenzó su trabajo en problemas relativos al cálculo de probabilidades que plasmó en el libro *De ratiociniis in ludo aleae (El cálculo en los juegos de azar)* en 1657. Además de resolver interesantes problemas de juegos, maneja y explica el concepto de «esperanza matemática» en una variable con un número finito de valores. Lo hace trabajando sobre la esperanza de vida humana a partir de datos recogidos en Londres, en conexión con problemas de rentas y anualidades. Es consciente de la importancia y trascendencia que da al cálculo de las

LA APUESTA DE PASCAL

Como resultado de sus reflexiones, Pascal utilizó la probabilidad para lo que pasó a ser al final de su vida su ocupación fundamental: la vida religiosa y el intento de demostrar la verdad de la religión católica. Su razonamiento es conocido como «apuesta de Pascal», y aparece en el Pensamiento 233 de sus *Pensées*. Viene a decir lo siguiente: «Nadie puede decidir inequívocamente si debe aceptar o rechazar la doctrina de la Iglesia. Puede ser verdadera. Puede ser falsa. Es como lanzar una moneda: las probabilidades son iguales. Pero ¿lo son las pérdidas y los beneficios? Supongamos que rechazamos a la Iglesia. Si su doctrina es falsa, nada habremos perdido. Pero si es verdadera, tendremos que afrontar infinitos sufrimientos en el infierno. Supongamos que aceptamos la doctrina de la Iglesia. Si resulta falsa, nada habremos ganado. Pero si es verdadera, alcanzaremos la eterna bienaventuranza en el paraíso».

Este razonamiento se ha utilizado con frecuencia para inducir a cumplir los preceptos religiosos: aunque la probabilidad de que sean ciertos fuera pequeña, como la ganancia esperada por cumplirlos es infinita (la gloria eterna), la esperanza de la apuesta vale la pena. Un razonamiento intuitivo del mismo tipo es el que se hace socialmente con juegos con pequeña probabilidad de acertar pero que ofrecen premios importantes, y ésta es la base de su éxito social. La probabilidad de acertar un premio importante es pequeña, pero si nos toca pasamos de golpe a ser verdaderamente ricos. La decisión social es que vale la pena arriesgarse, por eso estos juegos son los más populares.

probabilidades cuando escribe: «El lector observará que nos ocupamos, no sólo de los juegos, sino más bien de los fundamentos de una teoría nueva, a la vez profunda e interesante». La probabilidad comenzaba a despegarse de los juegos y seguiría en el futuro su camino por otros territorios sociales. En buena medida, el trío formado por Pascal, Fermat y Huygens sentó las bases de la teoría de la probabilidad.

El desarrollo de la teoría de la probabilidad

A partir de la correspondencia Pascal-Fermat, la teoría de la probabilidad pasó a formar parte del acelerado desarrollo de teorías matemáticas que tuvo lugar en la Europa de la época, con la contribución de una amplia constelación de talentos que dedicaron a ella sus esfuerzos.

Fue Jakob Bernoulli (1654-1705) el que de una manera explícita dio los fundamentos de la aplicación del cálculo de probabilidades a distintos aspectos sociales, morales y económicos. Su obra *Ars Conjectandi* (*El arte de la conjetura*) se publicó en

Muchos pensadores y filósofos han debatido la apuesta de Pascal, dando lugar a consideraciones interesantes y provocativas, como las siguientes, que se proponen para la reflexión. Diderot hacía la siguiente objeción: «Hay muchas otras grandes religiones, como el islam, que también condicionan la salvación a la fe en su doctrina. ¿Podrá aplicarse también a ellas la apuesta de Pascal? Y, en tal caso, ¿deberíamos abrazar cada una de ellas?».

William James, en su ensayo *La voluntad de creer*, daba una versión más sencilla para apoyar que la decisión de creer en Dios es para nosotros una buena apuesta, porque al no haber pruebas ni en un sentido ni en el contrario con respecto a la existencia de Dios, uno debería decidir aquello que más feliz pueda hacerle a lo largo de su vida (que él decía que era creer en la vida eterna).

H.G. Wells comentaba, en el contexto de la incertidumbre causada por la existencia de la bomba atómica, que ignoramos si el mundo podría sobrevivir o no a un holocausto atómico. Pero es preciso vivir y comportarse como si estuviéramos ciertos de sobrevivir, porque, «si a fin de cuentas su optimismo resultase no estar justificado, cuando menos habría vivido de buen humor». La apuesta de Pascal sigue teniendo bastante presencia en nuestros días. Por ejemplo, en el cine de Éric Rohmer es un tema recurrente, ligado al azar y la predestinación, y una reflexión que vuelve una y otra vez en la película *Mi noche con Maud*.

Basilea en agosto de 1713, ocho años después de su muerte, pero trabajó en ella desde 1685, influido por la lectura de Huygens. Definió las probabilidades como el grado de certidumbre con el que un acontecimiento futuro se puede producir. En cuanto al título de su obra, el autor lo explica así: «Definimos el arte de la conjetura, o arte estocástico, como el arte de evaluar lo más exactamente posible las probabilidades de las cosas, de modo que en nuestros juicios y acciones podamos siempre basarnos en lo que se ha encontrado que es lo mejor, lo más apropiado, lo más seguro, lo más aconsejado; éste es el único objeto de la sabiduría del filósofo y la prudencia del gobernante».

De las cuatro partes del *Ars Conjectandi*, las tres primeras son una continuación de los trabajos de Huygens, una recopilación sistemática de resultados combinatorios y la aplicación de todo ello a los juegos de azar, en la senda de lo ya realizado. Pero la cuarta parte es esencialmente diferente: contempla otros aspectos, demuestra su teorema de grandes números introduciendo, además, la importante idea de intervalo de confianza.

Bernoulli contempla dos tipos de situaciones aleatorias: en primer lugar, aquellas relacionadas con los juegos de azar, donde las probabilidades se conocen a priori por las reglas del juego, y que se pueden modelizar por medio de urnas. Pero añade un segundo tipo de situaciones en que las probabilidades se definen a posteriori, después de un gran número de experiencias. Bernoulli daba por supuesto que la realización de un número cada vez mayor de ensayos tenía que proporcionar valores estimados de probabilidad cada vez mejores. Escribía: «Supongamos que, sin saberlo nosotros, hay ocultas en una urna 3.000 canicas blancas y 2.000 canicas negras, y para tratar de determinar los números de estas canicas sacamos una canica detrás de otra (volviendo a meter de nuevo la canica), y observamos con qué frecuencia sacamos una canica blanca y con qué frecuencia, una canica negra. ¿Puede hacerse esto tan a menudo [...] que los números de canicas blancas y negras escogidas estén en la misma razón 3:2 que las canicas en la urna y no una razón diferente?».

NO TAN EVIDENTE

Para comprender la dificultad del tratamiento del azar hay que recordar que destacados matemáticos, con brillantes trayectorias en otros campos, «patinaron» bastante en cuestión de probabilidades. Por ejemplo, Gottfried Leibniz (1646-1716), uno de los grandes matemáticos de la historia, que además era aficionado a jugar a los dados (lo que le debería haber dado un plus de conocimiento), estaba convencido de que era igual de difícil conseguir 11 que 12 al tirar dos dados, argumentando algo tan «evidente» como falso: que ambos resultados sólo se podían conseguir como una suma de resultados ($12=6+6$; $11=5+6$). La realidad es que la probabilidad de 11 es el doble de la de 12, porque 11 se puede conseguir con un 5 en el primer dado y un 6 en el segundo, o bien con un 6 en el primero y un 5 en el segundo, mientras que el 12 sólo sale cuando hay un 6 en el primer dado y también un 6 en el segundo.

Otro resultado importante obtenido por Bernoulli es sobre los lanzamientos repetidos de una moneda sesgada, con una probabilidad p de salir cara y $q=1-p$ de salir cruz (p y q, por tanto, diferentes de 1/2). Si la moneda se lanza dos veces, la probabilidad de que salgan exactamente 2, 1 o 0 caras es p^2, $2pq$ y q^2, que son los términos del desarrollo de $(p+q)^2=p^2+2pq+q^2$. De la misma forma, al lanzar la moneda tres veces, las probabilidades de 3, 2, 1 o 0 caras son los términos respectivos de $(p+q)^3 = p^3 + 3p^2q + 3q^2p + q^3$. Algo que se puede generalizar: si lanzamos la moneda n veces, la probabilidad de sacar exactamente m caras es igual a

$$\binom{n}{m} p^m q^{n-m},$$

que es el término correspondiente del desarrollo de $(p+q)^n$. Tenemos así la «distribución binomial».

El propio Bernoulli era consciente de la importancia de lo que había logrado, y de sus aplicaciones, cuando escribió: «Aprecio esta invención [la extensión de la teoría de la probabilidad a campos diferentes de los juegos de azar] bastante más que si hubiera logrado la misma cuadratura del círculo, porque si ésta fuera efectivamente encontrada, su utilidad sería poco importante».

Veinte años después del libro de Bernoulli se publicó un problema muy famoso: el de la aguja de Buffon (que el conde de Buffon incluyó en su *Essai d'arithmétique morale*, de 1733). En un suelo con tarima de anchura L se lanza una aguja de longitud $L/2$, ¿cuál es la probabilidad de que la aguja caiga encima de una de las ranuras del entarimado? La geometría aparece por primera vez en un problema de probabilidades. Además, la solución del problema está extrañamente relacionada con un número famoso, π (una vez más partes de las matemáticas bien alejadas entre sí se muestran próximas), puesto que la probabilidad es $1/\pi$, lo que permite calcular experimentalmente el valor de π con toda la precisión que queramos sin más que aumentar el número de pruebas del experimento.

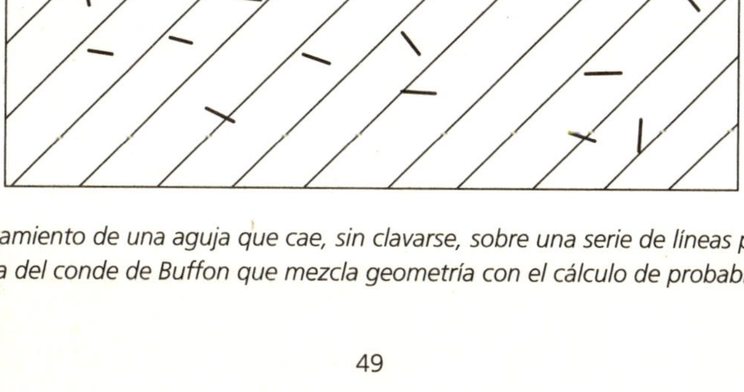

Comportamiento de una aguja que cae, sin clavarse, sobre una serie de líneas paralelas. Una idea del conde de Buffon que mezcla geometría con el cálculo de probabilidades.

Otro personaje destacado en el avance de la teoría es Abraham de Moivre (1667-1754), nacido francés pero exiliado en Inglaterra como consecuencia de una de las numerosas persecuciones religiosas que registra la historia europea (en su caso por la revocación, en 1685, por parte de Luis XIV, del Edicto de Nantes, que garantizaba la libertad de religión, por lo que De Moivre, al ser hugonote, tuvo que dejar su tierra). Fue miembro de la Royal Society y amigo íntimo de Newton. Su libro *The Doctrine of Chances* (del que fue haciendo diversas versiones según los avances que realizaba) sigue la línea de Huygens y Bernoulli, pero aplica a ella las ideas del cálculo infinitesimal que se estaban desarrollando entonces.

De Moivre extendió el trabajo de Bernoulli a monedas con sesgo. Cuando el número de tiradas y el de caras son números grandes es difícil calcular con exactitud los coeficientes binomiales, y De Moivre dedujo una fórmula aproximada que relaciona la «distribución binomial» anterior de Bernoulli con la *función error* o *distribución normal*:

$$\frac{1}{\sqrt{2\pi}}e^{-x^2}.$$

De Moivre fue el primero que explicitó esa conexión, fundamental, como veremos, para el desarrollo de las probabilidades y de la estadística.

Pierre-Simon Laplace escribió en 1773 su primera memoria sobre la probabilidad, en una época en la que ya había utilizado mucho el cálculo infinitesimal. En ella se ocupaba sobre todo de aspectos matemáticos, dejando de lado los fundamentos filosóficos de la probabilidad, tan presentes en otros de sus antecesores. Más adelante, en 1820, en el *Ensayo filosófico sobre las probabilidades*, introducción a la tercera edición de su monumental tratado *Teoría analítica de las probabilidades* (cuya primera edición apareció en 1812), es donde Laplace explica su conocida profesión de fe «determinista»: «Debemos mirar el estado presente del universo como el efecto de su estado anterior y como la causa del que seguirá. Una inteligencia que en un instante dado conociera todas las fuerzas que animan la naturaleza y la situación respectiva de los seres que la componen, si además fuera lo suficientemente vasta para someter todos esos datos a su análisis, resumiría en una misma fórmula los movimientos de los cuerpos más grandes del universo y los del más ligero átomo: nada sería incierto para ella y tanto el porvenir como el pasado estarían frente a sus ojos», escribió.

Pero hay que destacar que no se trata de afirmar que una inteligencia superior podría calcular todos los efectos de las leyes de la naturaleza, sino que el objetivo de

Laplace era desarrollar la ciencia de las probabilidades para tener un conocimiento más exacto de esas leyes de la naturaleza. Y así llega a su famosa conclusión de que «se ve en este ensayo que la teoría de las probabilidades no es en el fondo más que el buen sentido (o sentido común) reducido al cálculo: hace apreciar con exactitud lo que los espíritus justos sienten por una especie de instinto, sin que puedan a menudo darse cuenta».

PIERRE-SIMON LAPLACE (1749-1827)

El astrónomo y matemático francés es el responsable de algunos de los mayores avances de la probabilidad, lo que se ha reconocido popularmente llamando «regla de Laplace» a una de las formas más conocidas de asignar probabilidades. Aunque su familia quería que se dedicase a la Iglesia, Laplace encontró su auténtica vocación en las matemáticas. Además de sus capacidades y habilidades científicas, Laplace demostró grandes dotes sociales y políticas. Obtuvo una plaza en la escuela militar, donde desarrolló algunas de sus investigaciones más importantes. Allí llegó a ser examinador de la artillería real y, como tal, examinó a un joven de dieciséis años prometedor y brillante que mostraba gran interés por las matemáticas: Napoleón Bonaparte.

Tras estallar la Revolución Francesa, Laplace tuvo ocasión de mostrar sus cualidades. Esgrimió su republicanismo y sobrevivió sin problemas, a diferencia de otros científicos próximos a él, como Lavoisier, el padre de la química moderna, que perdieron, literalmente, la cabeza. Con posterioridad, cuando Napoleón llegó al poder, olvidó sus ideas republicanas y fue nombrado por éste ministro del Interior, pero sólo aguantó en el cargo un mes; más tarde ocupó diversos cargos políticos y tuvo la buena idea de nombrar a Napoleón miembro de la Academia de Ciencias de París, con lo que consiguió su apoyo. Con la derrota del emperador y la restauración de la monarquía borbónica, Laplace se adaptó otra vez a los nuevos tiempos y llegó a ser nombrado marqués por Luis XVIII. Su nombre figura en la lista de los setenta y dos científicos destacados que está grabada en la torre Eiffel.

En su tratado hay dos partes: en la primera desarrolla la teoría de las funciones generatrices y las teorías que sirven para aproximar las expresiones de las fórmulas de los grandes números, y en la segunda trata la teoría general de las probabilidades.

A partir de Laplace y de sus continuadores inmediatos, sobre todo Gauss y Legendre, la teoría de las probabilidades alcanza la mayoría de edad y la tarea que queda es de sistematización, perfeccionamiento y crítica de los resultados, lo que se lleva a cabo a lo largo del siglo XIX. Y no sólo se desarrolla dentro de las matemáticas, sino que se aplica cada vez más a otros campos, destacando entre ellos la mecánica estadística, que le abre el camino de la física.

Hay muchas personalidades destacadas a lo largo del siglo, entre las que merece la pena citar a Poisson, De Morgan, Cournot o Tchebycheff, que fue el iniciador de la escuela rusa, a la que pertenecieron sus discípulos Markov y Liapunov, que abrirían el camino a Kolmogorov, que fue quien formuló una teoría axiomática de la probabilidad, como veremos en el capítulo siguiente. Kolmogorov fue consciente de cerrar con su trabajo una larga lucha contra la incertidumbre cuando dijo que: «El valor epistemológico de la teoría de probabilidades se funda en el hecho de que los fenómenos aleatorios engendran a gran escala una regularidad estricta, donde lo aleatorio, de una cierta forma, ha desparecido». Se pasaba a otra etapa superior de la conquista del azar.

ANDREI NIKOLAEVICH KOLMOGOROV (1903-1987)

Después de haberse dedicado a diversos menesteres en los primeros años de su vida, inició estudios de matemáticas en Moscú y, siendo estudiante, ya llevó a cabo trabajos que adquirieron importancia internacional. Enseñó matemáticas en la Universidad de Moscú y trabajó en distintos campos de la matemática, como el análisis, la topología..., aunque tienen especial importancia sus aportaciones a la teoría de la probabilidad y a su aplicación a diversos campos, en particular a los sistemas dinámicos. En 1965 recibió el Premio Lenin, el máximo galardón civil que se concedía en la antigua Unión Soviética.

Una mención especial merece el matemático belga Adolphe Quételet (1796-1874), que desarrolló un interés especial por las aplicaciones de la probabilidad y la estadística a las diferentes actividades humanas, de forma que se le considera el fundador de la estadística moderna. Fue un recopilador de datos sociales e hizo una descripción de los mismos en términos de la ley normal, a la que llamó «ley de las causas accidentales».

A partir de 1835 defendió la utilización de la curva normal para modelar todo tipo de datos sociales (nacimientos, muertes, crímenes, suicidios...). Fue consciente de que aunque tales sucesos son impredecibles para cada individuo, tienen pautas estadísticas cuando observamos poblaciones enteras. Le dio forma a esa idea hablando del «hombre medio», término tan utilizado después y que retrata un personaje ficticio que es un promedio en todos los aspectos. Pero Quetelet no consideraba el hombre medio sólo como un concepto matemático, sino que era el objetivo de la justicia social.

En 1844 asombró a todos los escépticos al utilizar la ley normal para la distribución de las alturas de los varones, lo que permitió el descubrimiento de fraudes en la «evasión» a la prestación del servicio militar en Francia: sus predicciones teóricas le llevaron a mostrar que unos 2.000 jóvenes habían evitado el alistamiento alegando fraudulentamente una estatura menor que la requerida para prestar el servicio militar.

Una historia de probabilidad reciente

En un concurso de televisión al que ya has llegado al desenlace final te colocan ante tres puertas cerradas. Detrás de una de ellas hay un premio «gordo», un coche, mientras que las otras dos no esconden nada de valor. Debes elegir sólo una de las puertas. Cuando ya has señalado la puerta elegida, el presentador decide seguir con el espectáculo y te abre una de las otras dos, que no tiene premio, y te da una nueva oportunidad: por supuesto, si quieres puedes continuar con tu elección, pero también puedes dejar la puerta que habías elegido y cambiar a la otra cerrada. ¿Qué es lo más conveniente? ¿Da lo mismo seguir con la puerta elegida que cambiar?

Parece un asunto irrelevante y que da lo mismo hacer una cosa que otra. Sin embargo, este problema (conocido como «problema de Monty Hall») ha dado lugar a no pocas discusiones en tiempos recientes, con intervención de matemáticos destacados, lo que prueba que las probabilidades distan mucho de ser un asunto bien comprendido.

Desde 1963 a 1990 se emitió en la televisión de Estados Unidos un programa concurso titulado Let's Make a Deal, cuyo famoso presentador era Monty Hall, y el problema anterior esta basado en la dinámica del concurso. También durante años, en más de trescientos periódicos del mismo país se publicó una columna titulada «Pregunta a Marilyn», en la que había preguntas y respuestas. La mujer responsable de la columna, Marilyn vos Savant, es famosa por aparecer en el Libro Guinness de los Récords como la persona con el coeficiente intelectual más alto del mundo, con un valor de 228, y añade a su fama el hecho de estar casada con el médico y científico Robert Jarvik, desarrollador del corazón artificial. Fue un domingo de septiembre de 1990 cuando publicó en su columna la pregunta del problema anterior: «¿Es una ventaja para el concursante cambiar la puerta que había elegido en primer lugar?».

Marilyn dijo en su columna que era mejor cambiar de puerta. Eso produjo un aluvión de cartas de sus lectores (unas 10.000) que eran casi unánimes: el 92% le decía que estaba equivocada, y añadía que estaban defraudados por el hecho de que una persona como ella diera una respuesta incorrecta a una pregunta tan sencilla. Le escribieron incluso muchos profesores de matemáticas, que estaban indignados. Decían cosas como: «Deja que me explique: si se enseña una puerta perdedora, esa información cambia la probabilidad de cualquier elección mantenida, ninguna de las cuales tiene razón alguna para ser más probable a 1/2. Como matemático profesional, estoy muy preocupado por la falta de habilidad matemática del público en general. Por favor, ayuda confesando tu error y, en el futuro, sé más prudente». O como esto: «Estoy conmocionado; después de haber sido corregida por al menos tres matemáticos, tú todavía no ves tu error». Y también: «¿Cuántos matemáticos indignados se necesitan para cambiar tu opinión?». Las respuestas siguieron llegando en cantidades industriales durante mucho tiempo hasta que, después de dedicar más espacio de su columna, la autora decidió zanjar el tema.

El escándalo se repitió también en Holanda por el mismo motivo en el año 1995, en las páginas del periódico *NRC-Handelsblad*. Pero lo cierto es que Vos Savant tenía razón, y todos los que le escribieron, matemáticos o no, estaban equivocados.

A continuación está el esquema (con el problema original, que tras las puertas sin premio gordo hay una cabra de consolación), que muestra que si sigues con la puerta elegida, tu probabilidad, como es obvio (había tres puertas y has elegido una), es 1/3, mientras que si cambias pasa a ser 2/3: duplicas tu probabilidad.

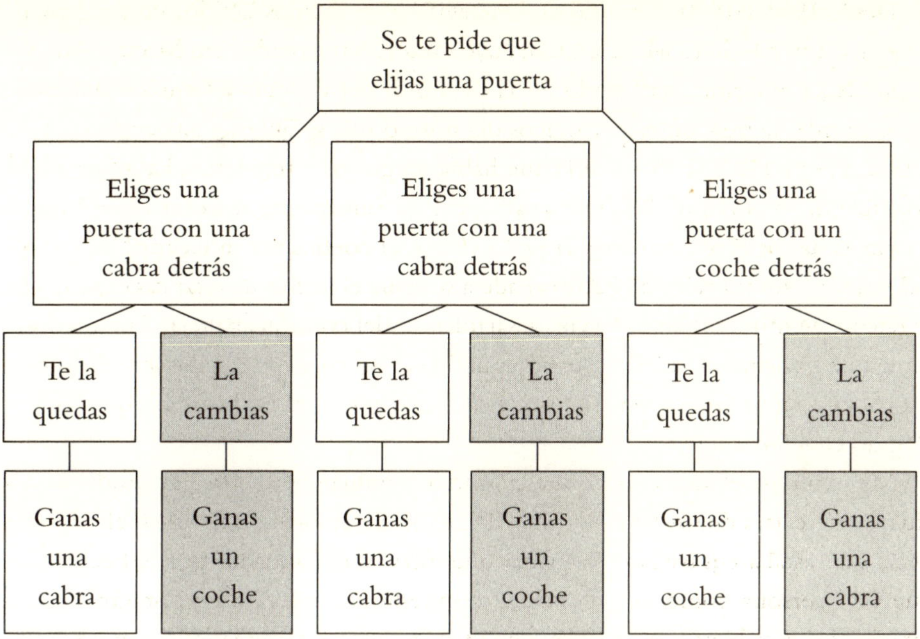

Además del esquema se puede recurrir a la experimentación, poniendo, por ejemplo, tres cartulinas, una de las cuales tiene el coche detrás, barajándolas y eligiendo una que luego se cambia. Para tener una cantidad significativa de ensayos puede el lector hacerlo con sus amigos en una velada o durante las vacaciones y verá que los resultados confirman esas probabilidades. O puede hacer una simulación por ordenador (si no cree que en ellas hay trampa). Es posible encontrarlas en diferentes sitios web, por ejemplo en la página «Hagamos un trato» que acoge la Universidad Estatal de Utah (http://enlvm.usu.edu/ma/nav/activity.jsp?sid=nlvm&cid=4_2&lid=117).

Es sorprendente que no sólo hubiera resistencias por parte de matemáticos «del montón», sino que incluso el húngaro Paul Erdős, uno de los grandes matemáticos del siglo XX, dijera que esa solución era imposible, y que sólo aceptara su error tras comprobarla en una simulación por ordenador (como la que se puede hacer en la página citada anteriormente).

Capítulo 3

Probabilidad y azar

En la vida diaria estamos rodeados de informaciones que nos hablan de posibilidades de que suceda algo, probabilidades de ganar un premio, coincidencias extrañas, probabilidad de que una bombilla dure más de 1.000 horas, posibilidades de que un equipo gane la liga o simplemente decenas de encuestas que nos dicen lo que pensamos sobre multitud de cuestiones, sin que nunca nos hayan preguntado a nosotros, aunque, sorprendentemente, tienen «buen ojo» y suelen «acertar».

La mayoría de los comentarios anteriores están relacionados con hechos o sucesos de los que podemos conocer todos los resultados posibles, pero cuyo resultado concreto, cuando se produce, somos incapaces de predecir. Son fenómenos o experimentos sujetos al «azar». Pero alguno de los sucesos mencionados no encajan en esa categoría. Así, es difícil creer que cuando en un partido de fútbol se enfrenta el mejor equipo de Europa con un equipo de aficionados, el resultado del partido esté sometido al azar. Analizaremos sólo experimentos o hechos que puedan ser considerados «aleatorios» o sujetos a las reglas del azar.

¿Qué es el azar? El Diccionario de la Real Academia Española de la Lengua lo define como una casualidad, un caso fortuito, y afirma que la expresión «al azar» significa «sin orden». Posiblemente si a cada uno de nosotros nos piden que digamos qué entendemos por «azar», nos encontraremos sin una respuesta clara y debamos recurrir a poner ejemplos de lo que solemos llamar «juegos de azar». Ello indica que el azar es algo difícil de definir, pero cuyo significado podemos tener identificado e interiorizado, de manera que sabemos si debemos participar o no en un determinado juego de azar y en qué condiciones. La idea de probabilidad está íntimamente ligada a la idea de azar y nos ayuda a comprender nuestras posibilidades de ganar en un juego de azar o a analizar las encuestas.

Laplace afirmó: «Es notable que una ciencia que comenzó con consideraciones sobre juegos de azar haya llegado a ser el objeto más importante del conocimiento humano». Dos siglos después esa afirmación es cada vez más evidente, no sólo en la vida diaria, sino también en las ciencias, la tecnología y en las ciencias sociales. Comprender y estudiar el azar es indispensable, porque la probabilidad es un soporte necesario para tomar decisiones en cualquier ámbito.

Para entender mejor a qué situaciones nos referimos, observemos que hay fenómenos que tienen lugar a nuestro alrededor y cuyos resultados son fácilmente predecibles: los *fenómenos deterministas*. Cuando se lleva a cabo un experimento determinista, su resultado se puede anticipar de manera inequívoca a partir de ciertos datos iniciales. Sólo cambia el resultado si se cambia alguno de los datos iniciales de los que depende. Así, si dejamos caer un objeto desde una altura concreta podemos asegurar que caerá al suelo, calcular la velocidad con la que llegará o el tiempo que tardará en hacerlo.

Existen muchos otros fenómenos en los que no ocurre eso, sino que, a partir de una misma situación inicial, se pueden obtener resultados diferentes e imprevisibles: los *fenómenos aleatorios*. Un ejemplo típico es el lanzamiento de un dado (de ahí proviene, además, el término aleatorio: *aleas* = «dado»): aunque intentemos lanzarlo siempre igual, cada vez hay un resultado imprevisible. El resultado de un experimento aleatorio depende del azar. Podríamos pensar que midiendo con precisión toda una serie de datos de situación inicial del dado, ángulo y fuerza con que lo tiramos, rozamientos del aire, etc., y conociendo las ecuaciones del movimiento podríamos prever el resultado. En ese sentido, Laplace hablaba de que la probabilidad es la medida de nuestra ignorancia. Pero lo cierto es que pequeñas variaciones (difícilmente medibles) conducen a resultados diferentes. Eso es el azar (palabra también derivada del juego de dados, pues en la España mahometana los puntos de sus caras eran flores de azahar).

Pero el que un fenómeno sea aleatorio y, por tanto, impredecible en sus resultados concretos, no significa que no se pueda tener algún conocimiento del mismo, y ahí interviene el estudio de la probabilidad, que lentamente ha ido haciéndose un hueco en la historia de la humanidad. Como se comprueba en muchas situaciones y juegos, cuando se repite muchas veces el mismo experimento aleatorio se observan numerosas regularidades. El resultado de la tirada de un dado es imposible de determinar, pero el resultado global de varios miles de tiradas puede conocerse con casi absoluta certeza. Se puede decir que «en la aleatoriedad el orden aparece con el paso del tiempo, con las repeticiones». Como decía Arthur Conan Doyle (1859-1930), el creador de Sherlock Holmes, refiriéndose a la sociedad: «Mientras que cada individuo es un rompecabezas irresoluble, colectivamente se transforma en una certeza matemática. Los individuos cambian, los porcentajes permanecen». Lo mismo pasa con el dado y otras situaciones aleatorias: cada tirada varía, las proporciones se mantienen. Cuando se repite un experimento aleatorio se puede comprobar además que, en general, no todos los resultados aparecen en la misma proporción: hay sucesos que ocurren más a menudo que otros. Si tiramos un dado «normal» todas las caras aparecen en la misma proporción, pero si tiramos dos monedas «normales» y miramos el número de caras que aparecen (0, 1 o 2), es más frecuente ver una sola cara. Si sacamos una carta de una baraja española (cuarenta cartas distribuidas en cuatro palos) y nos fijamos si la carta es una figura, no sucede con la misma frecuencia que lo sea o que no. La *probabilidad de un suceso* va a ser un indicador de las posibilidades de que ocurra.

Definición de probabilidad

Ya hemos dicho que la probabilidad será un número que nos indicará lo plausible que es observar un resultado de un fenómeno o experimento aleatorio. Ahora bien, la asignación de esa probabilidad es algo que puede ser intuitivo en muchos casos, pero absolutamente críptico en otros.

Experimentos con regularidad estadística

Comenzaremos con algunas ideas y conceptos que aparecen al repetir un experimento aleatorio. Lanzamos dos dados y computamos la diferencia entre sus resultados. La tabla nos da el recuento de resultados, primero con 189 lanzamientos reales y después los resultados de las simulaciones por ordenador de 50.000, 100.000 y 1.000.000 de lanzamientos de dos dados:

Diferencia	189 lanzam.	50.000 lanzam.	100.000 lanzam.	1.000.000 lanzam.
0	32	8.143	16.570	166.600
1	50	13.551	27.280	277.782
2	34	11.249	22.513	221.871
3	45	8.479	16.834	167.562
4	18	5.806	11.455	110.363
5	10	2.772	5.348	55.822

Las *frecuencias absolutas* (número de veces que se observa cada diferencia) de la tabla no nos dan mucha información. Es mejor hacer el cociente entre cada uno de los resultados y el total de pruebas realizadas, que es la denominada *frecuencia relativa* de cada uno de ellos. Esos valores, expresados en la tabla siguiente, nos ofrecen más información y nos permiten establecer conclusiones de forma más clara:

Diferencia	189 lanzam.	50.000 lanzam.	100.000 lanzam.	1.000.000 lanzam.
0	0,169	0,163	0,166	0,167
1	0,265	0,271	0,273	0,278
2	0,180	0,225	0,225	0,222
3	0,238	0,170	0,168	0,168
4	0,095	0,116	0,115	0,110
5	0,053	0,055	0,053	0,056

La tabla es una comprobación de uno de los principios que regulan el comportamiento del azar, la *regularidad estadística*, según el cual, al aumentar el número de veces que repetimos una experiencia aleatoria, la frecuencia relativa de cada uno de los resultados se aproxima cada vez más a un determinado valor. Más adelante veremos que este principio adquiere rango de teorema bajo el nombre de *leyes de grandes números*, con lo que la tabla es también una constatación empírica de las mismas.

Llamamos *probabilidad* de un suceso justamente a ese valor al que se acerca cada vez más su frecuencia relativa cuando la experiencia se repite un gran número de veces (lo que en matemáticas se llama *valor límite*). Como hemos comentado antes, esa probabilidad de un suceso es una medida de las posibilidades de que ocurra.

Al ser la probabilidad el valor límite de la frecuencia relativa, cumple las propiedades de las frecuencias relativas:

1. La probabilidad *prob*(*S*) de un suceso *S* es un número comprendido entre 0 y 1 , porque el número de veces que sucede tiene que estar comprendido entre 0 y el número total de veces que lo realicemos: $0 \leq prob(S) \leq 1$.
2. La probabilidad de un suceso imposible es 0. La probabilidad de un suceso seguro es 1. Estas dos propiedades nos permiten establecer una escala de probabilidades. Si un resultado no ocurre nunca tiene probabilidad 0; si lo hace siempre, tiene probabilidad 1; si aparece algunas veces, será un número entre 0 y 1. Un suceso será tanto más probable cuanto más cercana a 1 sea su probabilidad. Cuando algo ocurre muy a menudo diremos que es muy probable: su probabilidad estará próxima a 1. Algo que ocurre muy raramente diremos que es muy poco probable: su probabilidad estará próxima a 0.
   Pero hay una diferencia muy importante entre probabilidad alta (incluso muy alta) y seguridad: que un suceso tenga una probabilidad muy alta no permite asegurar nunca que se obtenga en una experiencia concreta.

3. La probabilidad de un suceso compuesto por varios resultados diferentes es igual a la suma de las probabilidades de los sucesos elementales (resultados) que lo componen.
4. La suma de las probabilidades de todos los resultados de un experimento aleatorio (sucesos elementales) es igual a 1.
5. La suma de las probabilidades de dos sucesos complementarios es igual a 1: $prob(S) + prob\ (\text{no}\ S) = 1$.

Esta propiedad es interesante porque en bastantes casos podemos hallar la probabilidad de un suceso conocida la del contrario (que puede ser más fácil de hallar). Por ejemplo, el suceso «necesitar más de un lanzamiento de un dado para obtener un 6» es el complementario de «obtener un seis con un solo lanzamiento». Como ya sabemos que la probabilidad de obtener un seis en un solo lanzamiento es $p = 1/6 \approx 0{,}167$, la del complementario será:

$$prob\ (\text{necesitar más de un lanzamiento}) \approx 1 - 0{,}167 \approx 0{,}833.$$

Hay que destacar que para asignar probabilidades mediante este proceso de experimentación repetida necesitamos un «gran» número de repeticiones. Es decir, no se debe confundir esa ley de grandes números mencionada con la que a veces con humor se llama «ley de los pequeños números», que aplicamos tantas veces en nuestra vida sacando conclusiones generales a partir de un pequeño número de experiencias. Si, por ejemplo, hemos ido de viaje a otro país y nos han robado por la calle y conocemos dos casos más de viajeros a los que les ha pasado lo mismo (que puede ser que nos lo hayan contado al narrarles nosotros el caso), sin más ejemplos, decidimos que en ese país es altamente probable que te roben (aunque la experiencia de grupos amplios de viajeros y estadísticas objetivas prueben lo contrario).

Puede ser que el cerebro humano esté predispuesto a sacar conclusiones generales que le permitan tener guías para la acción y que la repetición de algunos sucesos esté limitada en la experiencia de cada uno, a pesar de lo cual haya que sacar guías generales para la acción. La realidad es que se sacan conclusiones generales con bastante alegría apelando a esa falsa ley de los pequeños números, y no sólo en las conversaciones privadas, sino incluso en los medios de comunicación, como el método «infalible» que un periodista describía para conocer el alcance del paro:

«Pregúntese usted mismo cuántos parados hay en su familia; a continuación pregunte a sus vecinos, amigos y conocidos y sume los resultados que obtenga. Compare esa cifra con la cantidad de gente que forma su familia y los que conocen todos aquellos a los que haya preguntado. Así tiene una cifra infalible sobre el número de parados».

Como se ve, una experiencia limitada para extraer conclusiones generales que con frecuencia lleva a obtener conclusiones falsas.

Sucesos equiprobables

No siempre es necesario recurrir a la experimentación para asignar la probabilidad a un suceso. Al lanzar un dado correcto, sus condiciones de simetría nos permiten suponer que ninguna de sus caras tendrá más posibilidades de salir que las demás. Por eso los seis resultados posibles del lanzamiento de un dado son equiprobables, es decir, la probabilidad de uno de ellos es $1/6 \approx 0{,}167$ (cada cara aparecerá un 16,7% de las veces).

Al extraer una carta de una baraja española, con 12 figuras de 40 cartas, parece razonable pensar que una figura aparecerá un 30% de las veces ($12/40 \cdot 100$), así que podríamos afirmar que la probabilidad es de $12/40 = 0{,}30$.

Usando como referencia estos dos ejemplos vemos que hay ocasiones en las que las probabilidades de los distintos resultados son intuitivas. Las condiciones de simetría y regularidad del dado son suficientes para asignar las mismas posibilidades a cualquiera de las caras: 1/6. En el caso de la baraja podemos usar un razonamiento análogo.

Así, en muchos casos podemos definir la probabilidad de la siguiente manera: si al realizar un experimento aleatorio pueden ocurrir N resultados distintos y se puede garantizar que todos tienen las mismas posibilidades de aparecer (son igualmente posibles), la probabilidad de cada uno de los resultados es $p = 1/N$.

En el caso del dado, el conjunto de todos los resultados posibles (denominado *espacio muestral*) es $E = \{1, 2, 3, 4, 5, 6\}$. Si el dado es correcto, todos los sucesos elementales serán igualmente posibles. Es decir, que su probabilidad será:

$$p(1) = p(2) = p(3) = p(4) = p(5) = p(6) = 1/6 \approx 0{,}167 \text{ } (16{,}7\%).$$

Consideremos ahora algunos sucesos compuestos, como «obtener un número impar» o «sacar un múltiplo de 3». ¿Cuál será su probabilidad? Si el resultado del lanzamiento es 2, 4 o 6, se verifica el suceso «obtener un número par». Como la probabilidad de un suceso compuesto es igual a la suma de las probabilidades de los sucesos elementales que lo componen (aplicando la propiedad 3 anterior), se tiene:

$$prob(\text{número par}) = p(\{1, 3, 5\}) = p(1) + p(3) + p(5) = 1/6 + 1/6 + 1/6 = 3/6 = 0{,}5 \text{ } (50\%).$$

La probabilidad de obtener un múltiplo de 3 será:

$$prob(\text{múltiplo de 3}) = p(\{3, 6\}) = p(3) + p(6) = 1/6 + 1/6 = 2/6 \approx 0{,}333\ (33{,}3\%).$$

Conviene fijarse en los resultados:

$$p(\text{número impar}) = 3/6,\ p(\text{múltiplo de 3}) = 2/6.$$

Esas dos probabilidades verifican que la probabilidad en cada caso es igual al cociente entre el número de sucesos elementales que componen el suceso compuesto (3 en el primer caso y 2 en el segundo) y el número total de resultados o sucesos elementales que se pueden presentar.

Razonando de la misma forma en el caso general, podemos afirmar que, si en una experiencia aleatoria pueden ocurrir N sucesos elementales, todos ellos igualmente posibles, la probabilidad de un suceso S formado por n sucesos elementales será:

$$p(S) = 1/N + 1/N + \ldots + 1/N\ (n \text{ sumandos iguales a } 1/N) = n/N,$$

es decir:

$$p(S) = \frac{\text{Número de sucesos elementales que componen el suceso } S}{\text{Número total de sucesos elementales}}.$$

En otras palabras, la probabilidad de un suceso S es igual al cociente entre el número de resultados favorables a la ocurrencia del suceso y el número total de resultados posibles. Esta definición es la conocida regla de Laplace: «Si todos los sucesos elementales son igualmente posibles, la probabilidad de un suceso S es el cociente entre el número de casos favorables a S y el número de casos posibles de la experiencia»:

$$p(S) = \frac{\text{Número de casos favorables a } S}{\text{Número de casos posibles}}.$$

La regla o ley de Laplace se considera la definición clásica de probabilidad, porque es la primera definición que se conoce. Es muy útil para calcular probabilidades de sucesos compuestos en situaciones de equiprobabilidad (cuando todos los sucesos son igualmente posibles). Lo único que tenemos que hacer para hallar la probabilidad de un suceso es contar el total de sucesos elementales (casos posibles) y el número de sucesos elementales que componen el suceso (casos favorables). Para hacer los recuentos de casos se puede recurrir a las técnicas de combinatoria que hemos visto.

BARAJAS

Un instrumento utilizado habitualmente para generar situaciones de azar (de ahí la multitud de juegos diferentes) son las barajas. Hay dos grandes tipos, las llamadas española y sajona. Ambas han calado hondo en el imaginario colectivo, porque son, como todos los grandes juegos, modelos de situaciones sociales reconocibles.

La baraja española es una estilización de la sociedad medieval, con cuatro palos, oros, copas, espadas y bastos, que representan a los cuatro estamentos fundamentales de la misma: burguesía (o comerciantes, con el oro de las monedas); clero (con la copa de las celebraciones litúrgicas); nobleza (con la espada de los caballeros) y campesinado (con el basto o la estaca que usan en sus trabajos manuales). Tiene 40 cartas, con 10 en cada palo, de las que 3 (sota, caballo y rey) son las figuras.

La baraja sajona es una estilización del paso del tiempo, concretada en lo que pasa en un año. Los 4 palos representan las 4 estaciones; como en cada uno hay 13 cartas, en total son $4 \cdot 13 = 52$ cartas, como las 52 semanas de un año. Si se suman los números de cada palo ($1 + 2 + 3 + \ldots + 12 + 13 = 91$), se multiplica por los cuatro palos y se le suma el comodín se obtiene 365 ($4 \cdot 91 + 1 = 365$), que son los 365 días del año.

Es tanta la influencia de esta definición en el tratamiento de la probabilidad que cuando en un dado, moneda, ruleta, etc. todos sus resultados son equiprobables se le suele poner el calificativo de «de Laplace». Así, en vez de hablar, por ejemplo, de un «dado correcto», es frecuente que se le llame un «dado de Laplace». Es muy importante asegurarse de que todos los sucesos elementales de la experiencia que estemos tratando sean equiprobables (para lo que es conveniente aplicar el sentido común, pero con cautela, porque la probabilidad con frecuencia nos engaña) y que sólo haya un número finito de posibles resultados. Esta última afirmación puede parecer «extraña» a un lector no cercano a las matemáticas, pero un simple ejemplo puede mostrarnos que un experimento puede tener un número infinito de resultados.

Supongamos que se lanza un dardo sobre una diana. Si consideramos como resultados posibles todos los puntos de la diana, éstos son infinitos, por lo que no es aplicable la regla anterior. No obstante, si simplificamos el experimento y dividimos la diana en cuatro cuadrantes de igual superficie, ya hemos resuelto el problema, puesto que el número de resultados posibles será ahora cuatro, y los cuatro son igualmente posibles (suponiendo que el lanzador no es un jugador de dardos avanzado y lanza el dardo aleatoriamente sobre la diana). La división en sectores de diferente superficie, como ocurre en las dianas de competición, no permite tampoco aplicar la regla anterior porque no todos los resultados (sectores) tienen las mismas posibilidades. En estos casos resulta adecuada una ligera modificación de la regla anterior, consistente en asignar como probabilidad de cada sector el cociente entre su área y el área total de la diana.

La mayoría de los juegos de azar en los que podemos pensar son acordes con la regla de Laplace. En aquellos casos en los que no sea así, se debe especificar la forma de asignar las probabilidades.

Algunos ejemplos nos permitirán situarnos. Al elegir al azar una carta de una baraja española, ¿cuál es la probabilidad de que sea basto? ¿Y de que sea una figura? ¿Y de que sea basto y figura? En este experimento aleatorio hay 40 casos posibles, tantos como cartas, y todos son equiprobables en una baraja nueva, sin marcar. De las 40 cartas, 10 son bastos: hay 10 casos favorables al fenómeno «sacar un basto». Su probabilidad será:

$$p(\text{basto}) = \frac{10}{40} = \frac{1}{4} = 0{,}25 \ (25\%).$$

Análogamente, las probabilidades de los otros sucesos propuestos son:

$$p(\text{figura}) = \frac{12}{40} = \frac{3}{10} = 0{,}3 \ (30\%).$$

$$p(\text{basto y figura}) = \frac{3}{40} = 0{,}075 \ (7{,}5\%).$$

Otro ejemplo más: si sacamos a la vez dos cartas de una baraja española, ¿cuál es la probabilidad de que ambas sean oros? Es una situación según la cual todos los grupos de dos cartas que podamos elegir tienen la misma probabilidad, y a ella se puede aplicar la definición de Laplace. Los casos posibles son las formas de extraer dos cartas del total de 40, el número de combinaciones de 40 elementos (las 40 cartas) tomados de 2 en 2:

$$C_{40,2} = \binom{40}{2} = \frac{40!}{2! \cdot (40-2)!} = \frac{40 \cdot 39}{2} = 780.$$

En la baraja hay 10 cartas de oros, por lo que los casos favorables serán las distintas formas de tomar 2 de los 10 oros, es decir, las combinaciones de 10 elementos tomados de 2 en 2:

$$C_{10,2} = \binom{10}{2} = \frac{10!}{2! \cdot (10-2)!} = \frac{10 \cdot 9}{2} = 45.$$

Por tanto, la probabilidad de que las dos cartas extraídas sean oros será:

$$p(\text{dos oros}) = \frac{C_{10,2}}{C_{40,2}} = \frac{45}{780} \approx 0,0577 \ (5,77\%).$$

La probabilidad es la misma que si lo que buscamos es que sean dos cartas de cualquier otro palo (copas, espadas o bastos). Esto nos puede servir para contestar a otra pregunta: ¿Cuál es la probabilidad de que al sacar dos cartas éstas sean de distinto palo? Aquí la contestación es más fácil de forma indirecta, por el suceso contrario. Como en este caso es lo contrario de que sean del mismo palo (la suma de que lo sean de uno de los cuatro palos), tendremos:

$$\begin{aligned} p(\text{de diferente palo}) &= 1 - p(\text{del mismo palo}) = 1 - [p(\text{dos oros}) + p(\text{dos copas}) + \\ &+ p(\text{dos espadas}) + p(\text{dos bastos})] \approx 1 - [0,0577 + 0,0577 + 0,0577 + 0,0577] = \\ &= 1 - [4 \cdot 0,0577] = 1 - 0,2308 = 0,7692 \ (76,92\ \%). \end{aligned}$$

Hasta ahora hemos visto situaciones en las que la probabilidad de un suceso se obtenía de forma teórica, a partir del modelo de construcción (dados, cartas...), pero en la mayoría de las situaciones de la vida no es posible hacer un modelo teórico ni, por tanto, deducir la probabilidad de cada uno de los sucesos, a pesar de lo cual es conveniente tener una probabilidad, que recordemos que es una medida de las posibilidades de que algo ocurra. ¿Qué hacer?

Pongamos un ejemplo. Es una práctica bastante reciente que en las páginas de los periódicos se dé la información del tiempo en términos de probabilidad (aparece en porcentaje). Así, podemos leer que para el día siguiente el pronóstico de lluvia es del 60%. Antes sólo se decía si llovería o no. ¿Qué quiere decir ese porcentaje? ¿Que lo hará en el 60% del territorio o en el 60% del tiempo? ¿O bien que se le ha preguntado a diez meteorólogos y seis pronostican lluvia y los otros cuatro, no?

No, es algo más profundo. Es la frecuencia de ocasiones que ha llovido en el pasado en una situación meteorológica sustancialmente similar a la que se pronostica para mañana, teniendo en cuenta los datos disponibles. Es decir, que nos indica la cantidad de incertidumbre asociada a la afirmación «lloverá mañana» y está basada en complejos cálculos que se llevan a cabo a partir de una inmensa masa de datos observados. En este sentido, hablar del tiempo de mañana como probabilidad de lluvia es mucho más preciso que decir simplemente si lloverá o no, puesto que contiene la información necesaria para planificar las actividades de cualquier persona durante ese día.

La diferencia de esta medida de probabilidad con respecto a las de juegos o sorteos es que la asignación de la probabilidad no está basada en modelos, sino en datos estadísticos. Es lo que sucede en muchos otros casos (eficacia de medicamentos o vacunas, seguridad de los diferentes medios de transporte, etc.), y por eso la estadística se utiliza para estudiar la sociedad y está ligada a la probabilidad, porque permite asignar probabilidades a los sucesos.

Experiencias compuestas

En términos de probabilidad, sacar dos cartas de una baraja es lo mismo que sacar una y, sin reponerla, sacar otra: se trata de una repetición de la experiencia «sacar una carta de una baraja», aunque no sea las dos veces de la misma baraja. Al analizar los fenómenos de azar son frecuentes situaciones que suponen la repetición de una misma experiencia simple varias veces, o bien otras que consisten en la realización simultánea de varias experiencias diferentes. Las llamamos *experiencias compuestas*.

Como se trata de recuento de posibilidades, cuando es una experiencia que se puede descomponer en experiencias simples, una forma rentable de organizar la información es el diagrama de árbol. Para ello, hay que seguir las pautas que ejemplificamos con el lanzamiento de dos monedas.

1. *Identificamos las pruebas u observaciones que componen la experiencia y establecemos un orden*: 1ª moneda/2ª moneda/3ª moneda… En el lanzamiento de dos monedas establecemos el orden 1ª moneda/2ª moneda. El orden puede justificarse de diversas formas: la experiencia no cambia si lanzo primero una moneda y después, la otra, o si considero que las monedas son distintas, o si distingo entre la moneda que cae más cerca de mí y la que cae más lejos, etcétera.
2. *Indentificamos y ordenamos las pruebas, analizamos los resultados posibles en la primera de ellas* (resultados posibles al lanzar la primera moneda) *y los representamos en el árbol.* Del vértice inicial salen dos ramas, que representan los sucesos «salir cara» y «salir cruz».
3. *Analizamos los resultados de la segunda experiencia, a partir de cada uno de los resultados posibles de la primera y representamos los mismos en el diagrama.* De cada uno de los dos vértices saldrán otras dos ramas, que representarán los sucesos «salir cara» y «salir cruz» en la segunda moneda.
4. *Si la experiencia consta de más pruebas*, analizamos los resultados de la tercera, a partir de cada uno de los resultados posibles de la segunda, y así seguimos hasta completar todas las pruebas que componen la experiencia.
5. *Los posibles resultados de la experiencia quedan definidos por las distintas ramas del árbol.* Cada rama está compuesta de varios tramos (tantos como pruebas constituyen la experiencia).

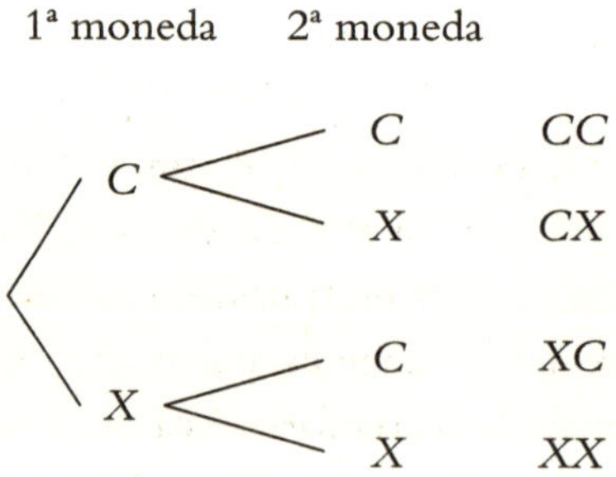

En el caso de las monedas, a partir del árbol tenemos los casos posibles y podemos hacer el recuento de los favorables al suceso que se considere (dos caras, cara y cruz…) y el cálculo de la probabilidad de cada uno de ellos. El árbol tiene cuatro ramas o caminos: cuatro casos posibles. Y todos los caminos representan sucesos equiprobables. Dos de ellos representan el suceso «salir una cara y una cruz» (*CX* y *XC*), por lo que su probabilidad será:

$$p = \frac{2}{4} = \frac{1}{2} = 0{,}5 \ (50\%).$$

Hemos podido hacer estos cálculos porque todos los sucesos que representan son equiprobables. Cuando los fenómenos son más complejos hemos de asignar a los distintos tramos de las ramas del árbol las probabilidades de los sucesos que representan y calcular, a partir de éstas, la probabilidad de un suceso representado por una o varias ramas. Aunque en nuestro caso no es necesario, vamos a hacerlo a modo de ejemplo. La probabilidad de cada una de las dos ramas iniciales del árbol será 1/2, las ramas del lanzamiento de la segunda moneda serán, de nuevo, las de una moneda correcta:

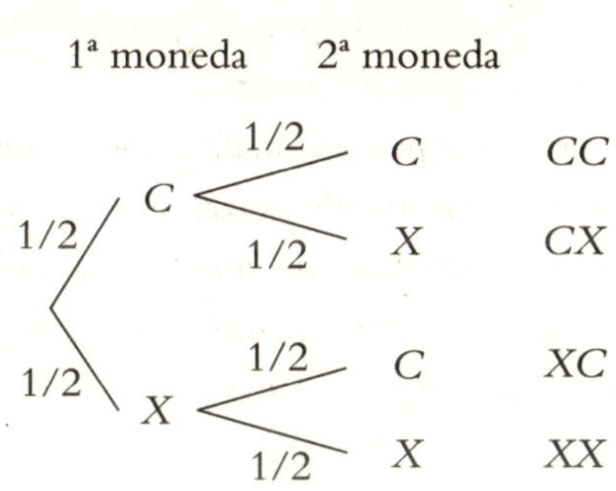

Si se realiza un gran número de lanzamientos de dos monedas, ¿en qué proporción se espera que salga cara en ambas monedas? En aproximadamente una de cada cuatro: la probabilidad que debemos asignar al camino *CC* es 1/4. Sin árbol, en este caso sencillo también podemos llegar al resultado: en aproximadamente la mitad de los lanzamientos realizados sale cara en la primera moneda, y en la mitad de éstos, también sale cara en la segunda. Tenemos, por tanto, dos caras en la mitad de la mitad de los lanzamientos: en la cuarta parte. Estas fracciones son las que se representan en las ramas del camino. Y como una fracción de otra fracción es el producto de las fracciones:

$$\text{Prob (cara-cara)} = \frac{1}{2} \cdot \frac{1}{2} = \frac{1}{4}.$$

Generalizando, decimos que *la probabilidad de un suceso representado por una rama o camino del árbol se obtiene multiplicando las probabilidades de los tramos (aristas) que la componen.*

¿En cuántos lanzamientos habrá salido una cara y una cruz? Hemos de tener en cuenta tanto el caso de que salga cara en la primera moneda y cruz en la segunda (*CX*), como lo contrario (*XC*). El caso *CX*, la segunda rama, se dará en la mitad de la mitad de los lanzamientos. El caso *XC*, la tercera rama, también en la mitad de la mitad de los lanzamientos. La proporción de veces en las que se obtiene una cara y una cruz será la suma de ambos:

$$\text{Prob}(\text{cara-cruz}) = \frac{1}{2} \cdot \frac{1}{2} + \frac{1}{2} \cdot \frac{1}{2} = \frac{1}{4} + \frac{1}{4} = \frac{1}{2}.$$

Así pues, *la probabilidad de un suceso representado por varias ramas o caminos del árbol se obtiene hallando las probabilidades de cada una de ellas y sumando los resultados obtenidos.*

En este caso, el resultado de la segunda experiencia era independiente del de la primera: salga lo que salga en el primer lanzamiento, en el segundo las posibilidades de cara y cruz son las mismas. Decimos que son *experiencias independientes*. Si las experiencias son independientes, la probabilidad de que ocurra el suceso S_1 en la primera, el S_2 en la segunda, etc. es:

$$P(S_1 \text{ y } S_2 \text{ y } ...) = p(S_1) \cdot p(S_2) \cdot ...$$

Es decir, *la probabilidad de que se den todos los sucesos es igual al producto de las probabilidades de cada uno de ellos.*

Pero es frecuente que en una experiencia compuesta los resultados de una prueba influyan en las demás: se trata entonces de *experiencias dependientes*.

Laura tiene que presentarse a unas oposiciones sobre 10 temas, pero sólo ha estudiado 8. El examen consta de 3 temas, elegidos al azar. ¿Qué probabilidad tiene de contestar bien a los tres temas? Para pasar al siguiente ejercicio es necesario contestar bien al menos a dos. ¿Qué probabilidad tiene de pasar? Hay que observar los resultados de tres pruebas: la realización del primer tema, del segundo y del tercero. En cada una puede ocurrir que lo haya estudiado y, por tanto, lo haga bien (*B*), o que no lo haya estudiado, y lo haga mal (*M*).

Hacemos un diagrama de árbol para reflejar los resultados de las pruebas que componen la experiencia. En este caso no importa si el tema que sale es el primero del temario, o el segundo, o el tercero... Hemos de observar únicamente si el tema elegido se hace bien o mal. Así pues, en el vértice inicial dibujamos dos ramas que representarán los dos resultados posibles en la primera prueba. Sus probabilidades serán 8/10 (*B*) y 2/10 (*M*). Si suponemos que Laura ha hecho bien el primer tema (vértice final de la primera arista), quedan 9 temas para elegir el segundo (ya ha salido uno), de los que ha estudiado 7 (ha salido uno de los 8 que había estudiado); luego la probabilidad del tramo del árbol será 7/9. Como sigue habiendo 2 que no estudió, la probabilidad de la otra rama será 2/9. Del mismo modo analizamos lo que ocurre si el resultado del primer tema ha sido *M*. En la asignación de probabilidades de las ramas del árbol hemos de tener en cuenta que el resultado de una prueba influye en las demás: se trata de *experiencias dependientes*.

Completado el análisis de la segunda prueba, pasamos a la tercera (tercer tema del examen) para cada uno de los resultados. Por ejemplo, en la primera rama del árbol (*B*-*B*), el tercer tema se ha de elegir entre los 8 que quedan, de los que Laura sólo ha estudiado 6: las probabilidades de las dos ramas serán, 6/8 y 2/8, tal como se observa en la figura:

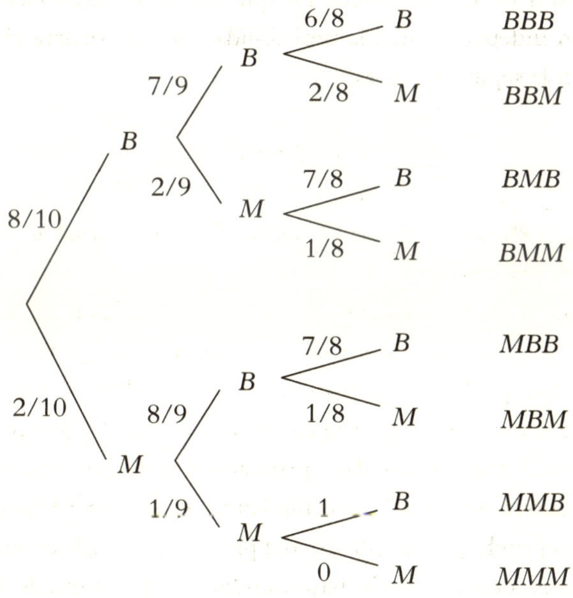

Así tenemos completo el diagrama de árbol y podemos responder a la primera pregunta: la probabilidad de contestar los tres temas es la de la rama superior del árbol (*BBB*), que es producto de las probabilidades de los tres tramos que la componen:

$$p = \frac{8}{10} \cdot \frac{7}{9} \cdot \frac{6}{8} \approx 0,47 \ (47\%).$$

Cuando se trata de experiencias dependientes, la probabilidad de que ocurra el suceso S_1 en la primera, el S_2 en la segunda, el S_3 en la tercera... es:

$$p(S_1 \text{ y } S_2 \text{ y } S_3...) = p(S_1) \cdot p(S_2/S_1) \cdot p(S_3/S_1 \text{ y } S_2) \cdot ...,$$

donde expresamos con $p(S_2/S_1)$ la *probabilidad de* S_2 *condicionada a* S_1, es decir, la probabilidad de que ocurra S_2 en el supuesto de que ha ocurrido S_1 (y de forma similar para las otras probabilidades).

Para contestar a la segunda pregunta, de los ocho caminos del árbol, en cuatro se aprueba: *BBB*, *BBM*, *BMB*, *MBB*. La probabilidad será la suma de las probabilidades de estos cuatro caminos, cada una de las cuales se obtiene multiplicando las probabilidades de los tramos que los componen:

$$p = \frac{8}{10} \cdot \frac{7}{9} \cdot \frac{6}{8} + \frac{8}{10} \cdot \frac{7}{9} \cdot \frac{2}{8} + \frac{8}{10} \cdot \frac{2}{9} \cdot \frac{7}{8} + \frac{2}{10} \cdot \frac{8}{9} \cdot \frac{7}{8} \approx 0{,}933 \ (93{,}3\%).$$

Subrayemos que eso quiere decir que si en un examen hay 10 temas, se sacan 3 a suertes y basta con contestar 2 para aprobar (que es más de la mitad habitual), sabiendo únicamente 8 (es decir, sin estudiar el 20% de los temas) sólo tenemos una probabilidad del 6,7% de suspender. ¡Quizá vale la pena hacer un análisis probabilístico de los exámenes antes de comenzar a estudiar! Puede ser el tiempo mejor empleado (nos referimos a las posibilidades de aprobar, no de aprender, y, además, también existe la probabilidad de suspender).

Definición axiomática de probabilidad

Hasta aquí hemos tratado con la probabilidad desde un punto de vista intuitivo, lo que tiene como ventaja que los razonamientos se muestran como resultado de un proceso lógico-deductivo que aceptamos de buen grado. Pero esta visión tiene algunos inconvenientes, sobre todo si el conjunto de sucesos elementales no es finito o si el conjunto de resultados diferentes no son igualmente posibles, situaciones éstas bien frecuentes. Además, esa noción de probabilidad presenta problemas de aplicación práctica, porque, como no se puede repetir de forma ilimitada un experimento, ¿cómo podemos saber cuándo hemos realizado el número suficiente de repeticiones como para haber encontrado la frecuencia relativa correcta? Pregunta sin respuesta.

A comienzos del siglo XX, la formalización matemática de la probabilidad aparecía como una necesidad para muchos matemáticos. Kolmogorov enunció en la década de 1930 una serie de axiomas que permitieron una construcción axiomática de la probabilidad. Este enfoque axiomático, satisfactorio para la comunidad matemática, evita dar una definición conceptual de la probabilidad y tener que estar siempre pensando en la experimentación, y sólo se refiere a las propiedades que debe satisfacer la definición de probabilidad de un suceso. Además, la definición axiomática recupera todas las propiedades que hemos encontrado intuitivamente, con lo que Kolmogorov consiguió poner de acuerdo la matemática formal y la experimentación con fenómenos aleatorios. Adicionalmente, los axiomas de Kolmogorov fueron fundamentales para el desarrollo de otra rama de las matemáticas íntimamente ligada a la probabilidad: la teoría de la medida.

Partiendo de los axiomas de Kolmogorov y siguiendo un desarrollo matemático riguroso similar al de cualquier otra rama de las matemáticas, se establece un conjunto de propiedades y consecuencias que no son evidentes y a las que no se hubiera llegado de otra manera. La importancia de la probabilidad en el estudio de otros campos científicos y su gran número de aplicaciones nos llevan de nuevo a las palabras de Laplace: «Las cuestiones más importantes de la vida no son en su mayoría más que cuestiones de probabilidad.» Quizá por esa razón la probabilidad sea la rama de las matemáticas con mayor número de aplicaciones.

La definición axiomática de probabilidad se puede enunciar del siguiente modo. Dado un espacio muestral E asociado a un experimento aleatorio y el conjunto de sucesos del mismo, F, se denomina *probabilidad* a cualquier forma de asignar a cada suceso S_i de F un valor numérico $prob(S_i)$, siempre que se verifiquen las propiedades:

1. Para cualquier suceso S_i de F se verifica $prob(S_i) \geq 0$.
2. La probabilidad del suceso seguro es la unidad: $prob(E) = 1$.
3. Dada una colección de sucesos incompatibles $S_1, S_2, S_3, \ldots, S_n, \ldots$, de F, entonces:

$$prob(S_1 \text{ o } S_2 \text{ o} \ldots \text{ o } S_n \ldots) = prob(S_1) + \ldots + prob(S_n) + \ldots$$

Como decíamos antes, tomando estas tres propiedades como axiomas, a través de un proceso de deducción formal se llega a otras importantes propiedades de la probabilidad. Veamos algunas de las que se pueden deducir:

1. $prob(S_i) = 1 - prob(\overline{S_i})$, siendo $\overline{S_i}$ el suceso complementario de S_i.
2. $prob(S_i) \leq 1$.
3. $prob(\varnothing) = 0$, donde $\varnothing$ representa el suceso imposible.
4. Dados dos sucesos cualesquiera S_1 y S_2 de F se verifica que:

$$prob(S_1 \cup S_2) = prob(S_1) + prob(S_2) - prob(S_1 \cap S_2).$$

En la expresión anterior, el símbolo ∪ indica que debe ocurrir un suceso u otro, y el símbolo ∩,que ambos sucesos deben verificarse simultáneamente.

TEOREMA DE LA UNIÓN-INTERSECCIÓN

La expresión que proporciona la probabilidad de la unión de sucesos se generaliza en los siguientes términos:

Si $A_1, A_2, \ldots, A_n$ son sucesos cualesquiera, se tiene que:

$$p(A_1 \cup \ldots \cup A_n) = p(A_1) + p(A_2) + \ldots + p(A_n) - p(A_1 \cap A_2) - p(A_1 \cap A_3) - \ldots -$$
$$- p(A_1 \cap A_n) - p(A_2 \cap A_3) - \ldots \ldots \ldots - p(A_{n-1} \cap A_n) + p(A_1 \cap A_2 \cap A_3) + \ldots +$$
$$+ p(A_1 \cap A_2 \cap A_n) + \ldots - p(A_1 \cap A_2 \cap A_3 \cap A_4) - \ldots +$$
$$+ (-1)^{n-1}\, p(A_1 \cap A_2 \cap \ldots \cap A_n).$$

Es decir, se suman las probabilidades individuales, se restan las probabilidades de las partes comunes (intersecciones) de pares de sucesos, se suman las probabilidades de intersecciones de tres y así, sucesivamente, se van cambiando los signos.

Capítulo 4

Situaciones no evidentes

Vamos a exponer una serie de situaciones cotidianas relacionadas con la probabilidad en las que el resultado (que se puede hallar con los conocimientos adquiridos en las páginas anteriores) contradice lo que parece «evidente». En unos casos damos la probabilidad y hay que encontrar la situación, y en otros, lo contrario. Lo bueno es que pueden hacerse pruebas experimentales (comprobaciones) que nos corroboran los resultados teóricos y nos muestran que no estamos muy bien dotados para intuir la probabilidad. Es conveniente que el lector deje puesta la capacidad de sorpresa, ya que es fácil que se la lleve y es interesante que la pueda disfrutar.

Hallar la situación

A veces para profundizar en algo es bueno tratar el aspecto contrario al que sería habitual. Eso es lo que vamos a hacer aquí: proponer algunas situaciones en las que ya se conoce la probabilidad para averiguar la composición de la que se parte:

Situación A. En una urna hay unas bolas de color blanco y otras de color negro. Dos jugadores apuestan que sacarán de dentro de la urna dos bolas, el primero, del mismo color, y el otro, de distinto color. Quieren tener la misma probabilidad de ganar. ¿Cuántas bolas de cada color tiene que haber en la urna?

Situación B. Juan y Berta juegan con dos dados que no tienen números, sino caras pintadas de colores, unas de azul y otras de rojo. El juego es sencillo: si las caras superiores son del mismo color, gana Juan; si son diferentes, gana Berta. Queremos que el juego sea equitativo, es decir, que ambos jugadores tengan la misma probabilidad de ganar, y uno de los dos dados tiene cinco caras azules y una roja. ¿Cómo tenemos que pintar las caras del otro dado?

Situación C. Tenemos el mismo número de bolas blancas que de negras (por ejemplo 10) y dos urnas iguales. Se trata de distribuir esas bolas en las urnas (ninguna de las dos puede estar vacía) de manera que al extraer una bola de una de ellas, la probabilidad de que ésta sea blanca sea máxima. ¿Cuál será esa probabilidad? ¿Será en algún caso mayor de 1/2 (o 50%)?

Solución A. Parece que tuviera que haber el mismo número de bolas de cada color, pero no es así, como puede verse hallando la probabilidad. Una solución posible es 3 bolas de un color (digamos blanco) y 1 del otro (negro). Veamos que las probabilidades son iguales:

$$p(BB) = \frac{3}{4} \cdot \frac{2}{3} = \frac{2}{4} = \frac{1}{2}.$$

La probabilidad de sacar la primera blanca es 3/4 porque hay tres de las cuatro; que la segunda sea blanca, habiéndolo sido la primera, es de 2/3, pues quedan dos blancas de las tres que hay. Si la probabilidad de sacar dos blancas es de 1/2, la de sacar bolas de diferente color (la única posibilidad alternativa) también será de 1/2.

Solución B. El otro dado tiene que tener tres caras de cada color, ¡aunque parezca mentira! Vamos a hallar la probabilidad de que las caras sean del mismo color, que será la suma de que sean azules en ambos dados y de que lo sean rojas. Cada uno de los dos sucesos, a su vez, es el producto de que salga ese color en cada uno de los dados. En definitiva:

$$p \text{ (mismo color)} = p \text{ (azul en ambos)} + p \text{ (rojo en ambos)} =$$

$$= \frac{5}{6} \cdot \frac{3}{6} + \frac{1}{6} \cdot \frac{3}{6} = \frac{15}{36} + \frac{3}{36} = \frac{18}{36} = \frac{1}{2}.$$

Y el otro 1/2 es que salga diferente color.

Solución C. Es fácil que al leer la segunda pregunta tendamos a decir que como hay el mismo número de bolas de cada color (aplicando la «mentalidad» matemática, que parece útil en este caso), el resultado será del 50% o 1/2. Pero la pregunta nos puede hacer pensar que tal vez haya alguna forma de sobrepasarlo. La realidad es que poniendo en una de las urnas (digamos la 1) una bola blanca y el resto en la otra urna, la probabilidad aumenta considerablemente:

$$p(\text{blanca}) = p(\text{elegir urna 1}) \cdot p(\text{blanca en urna 1}) + p(\text{elegir urna 2}) \cdot p(\text{blanca en urna 2}) =$$

$$= \frac{1}{2} \cdot 1 + \frac{1}{2} \cdot \frac{9}{19} = \frac{28}{38} = 0{,}7368 \rightarrow 73{,}68\%.$$

¡No está mal el aumento obtenido tras pensar un poco!

Encontrar la probabilidad en una situación dada

Cumpleaños

Situación A. Primer problema del cumpleaños. Podemos formularlo de diferentes maneras, pero todas son equivalentes. La siguiente es aplicable a fiestas con muchos desconocidos. «En una reunión hay N personas que se han juntado de forma casual. ¿Cuál es la probabilidad de que al menos dos de ellas celebren su cumpleaños el mismo día (es decir, que hayan nacido el mismo día del mismo mes)? O, por decirlo de un modo más concreto, ¿cuántas personas tiene que haber para que la probabilidad sea de 1/2 (o del 50%)?».

Situación B. Otro problema de cumpleaños. Ahora no se trata de que haya dos personas nacidas el mismo día, sino de que haya alguien cuyo cumpleaños coincida con el mío. ¿Cuántas personas tiene que haber para que la probabilidad supere el 50%?

Solución A. Es conveniente que reflexionemos un poco. ¿Cuántas personas serán necesarias para poder asegurar que hay dos cuyos cumpleaños coinciden? Con 367 personas basta, porque cada una de las 366 primeras puede cumplir años en un día diferente del año (incluyendo el 29 de febrero), pero la que ocupa el lugar 367 no tiene más remedio que cumplir años el mismo día que alguna de las anteriores. Sin tener en cuenta los años bisiestos (como haremos en adelante) basta con 366 personas. ¿Cuándo será la probabilidad del 50%? Parece «evidente» que la mitad de personas (es decir, 183), pero no acertamos a encontrar razones que lo justifiquen.

Hagamos algunos cálculos y apliquemos la definición. Suponemos que el año tiene 365 días y hallamos la probabilidad de que no haya coincidencias, que es más sencillo. Luego, restando de 1 (o de 100 si es en porcentaje) tendremos la probabilidad buscada.

Consideramos un grupo de N personas. Seleccionamos una al azar, que puede cumplir años en cualquiera de los 365 días, lo mismo que sucede con la segunda, con la tercera y con todas las demás hasta completar las N personas. Luego el número de casos posibles que pueden darse es:

$$CP(\text{casos posibles}) = 365 \cdot 365 \cdot 365 \cdot \ldots \cdot 365 = 365^N.$$

Veamos en cuántos de esos 365^N casos posibles no hay coincidencias en los cumpleaños (estamos procurando que no haya el mismo cumpleaños). Para ello contamos los casos en que no se repite una fecha de cumpleaños. Por eso hay 365 formas de elegir la fecha de la primera persona, 364 para la segunda, 363 para la tercera… hasta la N-ésima persona que podrá cumplir años en $365-(N-1)$ días.

Por tanto, el número de formas posibles de elegir las fechas de nacimiento de N personas sin que ninguno de los cumpleaños coincida es:

$$CF(\text{casos favorables}) = 365 \cdot 364 \cdot \ldots \cdot (365-N+1) = \frac{365!}{(365-N)!}.$$

La probabilidad de que ningún par de cumpleaños coincida es

$$\frac{CF}{CP} = \frac{\frac{365!}{(365-N)!}}{365^N} = \frac{365!}{365^N \cdot (365-N)!}.$$

Como lo que nos interesa es la probabilidad del suceso contrario (que haya al menos dos personas cuyos cumpleaños coincidan), su valor será:

$$p = 1 - \frac{365!}{365^N \cdot (365-N)!}. \qquad [1]$$

Al calcular el valor [1] para distintos valores de N salen cosas sorprendentes. Por ejemplo, cuando $N=50$ se obtiene $p=0{,}97$: en un grupo de 50 personas hay un 97% de posibilidades de que haya dos que cumplan años el mismo día. Para $N=23$ es $p=0{,}507$: en un grupo de 23 personas ya hay una probabilidad superior al 50% (exactamente del 50,7%) de que por lo menos coincidan dos cumpleaños.

En la siguiente tabla se expresan los valores de la probabilidad (en decimal y porcentaje) para diferentes números de personas, aplicando la fórmula [1]:

N	p(N)	p(N)%	N	p(N)	p(N)%
10	0,11695	11,7	35	0,81438	81,4
15	0,2529	25,3	40	0,89123	89,1
20	0,41144	41,1	45	0,94098	94,1
22	0,4757	47,6	50	0,97037	97
23	0,5073	50,7	55	0,98626	98,6
25	0,5687	56,9	60	0,99412	99,4
30	0,70632	70,6	65	0,99768	99,8

La tabla nos indica que con grupos de 60 personas existe la «casi» completa seguridad de que al menos habrá dos que cumplan años el mismo día (si lo probáramos en 1.000 grupos al azar, esto ocurriría en unos 994). Pero hay que tener mucho cuidado con el «casi», ya que sólo podemos estar seguros en grupos de 366 personas. Lo que se nos revela aquí es que si apostamos con constancia a esa posibilidad ganaremos con muchísima frecuencia, pero no sería conveniente que nos jugáramos todo lo que tenemos a un único caso, ya que podríamos perder.

CUMPLEAÑOS DE FUTBOLISTAS

Como en un partido de fútbol cualquiera hay 22 jugadores y un árbitro, la probabilidad de que al menos dos de los «actores» cumplan años el mismo día supera el 50%. Si incluimos a los dos árbitros de las bandas (con lo que tenemos 25 personas), la probabilidad sube al 56,87%. Si consideramos las 50 personas implicadas en dos partidos (las semifinales de una competición), la probabilidad sobrepasa el 97%. Lo bueno es que no se trata de elucubraciones teóricas, sino que se puede comprobar: basta con buscar las actas de los partidos de cualquier liga para comprobarlo. Ahora Internet lo hace, si no fácil, por lo menos factible. Se ha rastreado el hecho en algunos casos; por ejemplo, R. Matthews y F. Stones lo verificaron en los 10 partidos de la Premier League inglesa del 19 de abril de 1997: en 6 de ellos se daba esa coincidencia, y en 4, no. E incluso en dos de esos 6 ocurría algo más difícil todavía: ¡había dos parejas en cada uno!

Otro ejemplo son las 16 selecciones nacionales de fútbol que compitieron en la Eurocopa de 2008 (de la que España fue campeona). Cada una de ellas estaba formada por 23 jugadores, y de ellas había 8 (la mitad) con parejas de jugadores nacidos el mismo día: Turquía, Suiza, Alemania, Grecia, Austria, Francia, Rusia y Suecia. Había más coincidencias: en 4 (las últimas de la lista anterior) había, no una, sino dos parejas coincidentes. ¿Mucha casualidad? ¿Es que a los jugadores se les elige para que coincidan sus cumpleaños y así haya un «buen rollo» en las concentraciones? En realidad, en este aspecto los jugadores de fútbol no son especiales, sino que simplemente se tiene más información sobre ellos; pasa lo mismo con cualquier otro colectivo.

Solución B. En este caso es mucho más difícil la coincidencia, y son necesarias muchas más personas. La probabilidad de que uno no comparta cumpleaños con otro es 364/365, por lo que si hay N personas en la sala, la probabilidad de que no coincida con ninguno de sus cumpleaños es

$$\left(\frac{364}{365}\right)^{N-1};$$

por tanto, la probabilidad de que sí que haya alguien con su mismo cumpleaños es 1 menos ese valor:

$$p=1-\left(\frac{364}{365}\right)^{N-1}.$$

Buscamos que p sea 0,5, que no se logra cuando $N=23$, como antes (para ese valor es $p=0{,}058571$, menos del 6%), sino que se alcanza para $N=254$ personas (en cuyo caso $p=0{,}5005$), un resultado que está más próximo a nuestra intuición que en el caso anterior. ¡Quizás es que somos demasiado egocéntricos e inconscientemente hemos pensado que era nuestro propio cumpleaños!

El andar del borracho

Antes de que existieran los alcoholímetros, una prueba clásica para detectar a los conductores ebrios era hacerles caminar en línea recta. Es algo que cualquiera en circunstancias normales realiza con facilidad, pero que puede ser problemático si el sujeto en cuestión tiene sus facultades alteradas por el consumo de alcohol u otras sustancias, y también si, por causa de alguna enfermedad, tiene dificultades para mantener el equilibrio. Es el llamado «andar del borracho»: después de dar un paso en una dirección, el paso siguiente puede darlo, al azar, en cualquier otra, e incluso hacia atrás, volviendo al punto de partida; ese mismo patrón se repite en cada uno de los pasos.

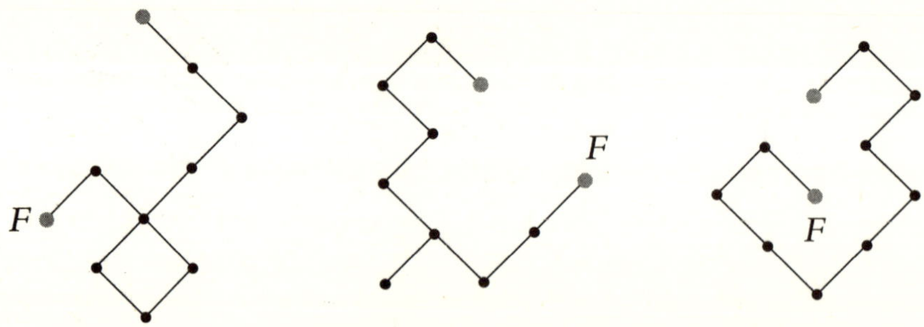

Tres posibles paseos de borracho de 10 pasos desde la farola F.

Vamos a plantear ahora una pregunta. Si vamos en línea recta y en cada paso avanzamos un metro, al dar *N* pasos estaremos a *N* metros del punto de partida. Si damos pasos de borracho, ¿cuántos harán falta para avanzar los mismos *N* metros? O, dicho de otro modo: después de dar *N* pasos de borracho, ¿a qué distancia estaremos del punto de partida?

Mientras lo piensa vale la pena matizar que, además de un entretenimiento, este problema sirve también, por ejemplo, para hacer modelos de difusión del calor y poder comprender por qué una habitación tarda cierto tiempo en calentarse cuando se enciende la calefacción, de manera que el radiador está quemando, cerca del mismo se está a una temperatura confortable y un poco alejados de él hace frío. Al calentarse, las moléculas de aire se mueven más rápidamente, desplazándose de forma aleatoria, como el borracho.

Volvamos a la pregunta. Para contestarla se pueden hacer modelos simples; por ejemplo, tirando una moneda se hace un movimiento hacia delante o hacia atrás, según el resultado. Se ve así que, de media, para avanzar *N* metros hacen falta N^2 pasos: para alejarnos 10 metros tendremos que dar unos 100 pasos ($100 = 10^2$). Muchos, como se ve, y la desproporción es mayor cuanto mayor es la distancia: para 50 metros ya son 2.500 pasos. ¿Se entiende ahora por qué se tarda tanto en calentar una habitación con un radiador? Además, a la dificultad de desplazamiento hay que añadir que con la distancia se enfrían las moléculas. ¡También del deambular de un borracho podemos sacar conclusiones positivas!

Otras situaciones

El gato y el ratón

Es un juego de probabilidad, un poco surrealista por los contendientes que intervienen en él. Hay un gato y un ratón situados en las casillas marcadas con su nombre en el tablero. Siguiendo su instinto, el gato quiere cazar al ratón y éste intenta escaparse; pero se trata en este caso de animales civilizados y acuerdan seguir unas reglas de juego. Cada uno de los dos va a dar un paso a la vez (que consiste en ambos casos en pasar a una casilla contigua en horizontal o vertical, no en diagonal), al azar. El gato se desplaza hacia la derecha o hacia arriba; el ratón lo hace hacia abajo o hacia la izquierda. Si en algún momento de su recorrido coinciden en la misma casilla, el gato se come al ratón; si intercambian sus posiciones sin que tal eventualidad haya sucedido, el ratón se salva. ¿Cuál es la probabilidad de que el gato celebre un festín? ¿Y de que el ratón se salve?

		RATÓN
GATO		

Una vez que hayamos «descifrado» el juego, podemos ampliar el tablero, en las mismas condiciones de juego y de colocación (ambos en esquinas opuestas), pero ahora en una cuadrícula 4×4, luego 5×5 y así sucesivamente.

Solución. Las dos probabilidades que se plantean son sucesos opuestos, luego son complementarias a 1: si p (o $P\%$) es la probabilidad de que el gato se coma al ratón, $(1-p)$ (o $100-P\%$) es la probabilidad de que se salve. Podemos modelizar los desplazamientos de gato y ratón tirando dos monedas (una el gato y otra el ratón), siendo una de las posibilidades (por ejemplo cara) desplazarse en horizontal, y la otra, en vertical. Los únicos puntos de encuentro son los de la diagonal principal del cuadrado (la que no une las posiciones iniciales), y además tienen que llegar ambos a la vez.

En el caso 3×3 son 3 las casillas en que el ratón y el gato se pueden encontrar; para llegar allí han de hacer dos pasos, luego la probabilidad de que cada uno llegue a las casillas de los extremos es de $(1/2) \times (1/2) = 1/4$; en la casilla central, en la que pueden ir por dos caminos (izquierda-abajo y abajo-izquierda en el caso del ratón y lo contrario para el gato) es del doble: $2/4 = 1/2$. La probabilidad de que se encuentren en un cuadro de las esquinas es de $(1/4) \times (1/4) = 1/16$; en el del centro, de $2/4 \times 2/4 = 4/16$. En el conjunto de las 3 casillas de posible encuentro la probabilidad es de $1/16 + 1/16 + 4/16 = 6/16 = 3/8$ (o del 37,50%). Luego la de que se salve el ratón es de $10/16 = 5/8$ (o del 62,50%): nuestros buenos sentimientos de personas civilizadas tienen una elevada probabilidad de cumplirse.

Dejamos al lector que evalúe las probabilidades en el caso de tableros con mayor número de casillas, con el comentario de que al aumentar el tamaño la probabilidad de que se salve el ratón crece de forma significativa.

Familias numerosas

En nuestro país las familias tienen pocos hijos, hasta el punto de que es raro encontrar alguna con cuatro retoños. Pero las generaciones anteriores eran muy prolíficas, y lo siguen siendo en muchos lugares del planeta. Ya se sabe que la probabilidad de que nazca un niño o una niña es prácticamente la misma. Pero entre las familias con cuatro hijos ¿qué es más probable, que haya dos hijos de cada sexo o tres de un sexo y uno del otro?

Solución. Se puede simular la situación como la tirada de cuatro monedas, siendo la cara la correspondiente a un sexo, y la cruz, al otro. Puede representarse mediante un árbol con las posibilidades de cara o cruz en cada una de las cuatro ramas. De las 16 ramas del árbol, en 8 son 3 hijos de un sexo y uno de otro (probabilidad 1/2 = 50%); en 6 son dos de cada sexo (probabilidad 3/8 = 37,5%) y los dos que quedan son los cuatro del mismo sexo (probabilidad 1/8 = 12,5%). Si se hacen muchas pruebas (por ejemplo sumando los resultados de bastantes amigos que lo hagan) se obtienen resultados muy próximos a esa probabilidad.

Probabilidad geométrica

Suposición y realidad

A veces damos por supuesto que suceden las cosas de una determinada manera, sin haberlas pensado demasiado. Pero la realidad es tozuda y no siempre acorde con lo que pensamos. Vamos a comprobarlo en los casos siguientes:

1. Tenemos una cuadrícula de 5 × 5 que queremos pintar de dos colores, rojo (*R*) y azul (*A*): cada una de las casillas con un color decidido por el azar. ¿Cómo cree que quedaría la cuadrícula completa? Pinte el resultado que espera que saldrá.

2. Pase a la acción: recurra al azar para comprobar si hay mucho parecido con lo que ha pintado. Coja una moneda y vaya tirándola para cada una de las casillas. Si sale cara (*C*), pinte *R*; si sale cruz (*X*), pinte *A*. ¿Se parece mucho a lo que había supuesto? Si lo ha hecho con alguien más, comparen también sus respuestas.

3. Imagine ahora que la cuadrícula anterior son las baldosas que cubren el patio de una casa y que empieza a nevar tan despacio que se pueden contar los copos. Cuando hayan caído los 100 primeros, ¿cómo cree que se habrán distribuido en las 25 baldosas del patio?
4. Haga una simulación del lugar en el que han caído los 100 copos. Es lenta, porque hay que tirar dos dados cien veces: el resultado del primero nos dará la fila; el del segundo, la columna (tiramos de nuevo si es un seis en ambos casos): los dos nos fijan la baldosa en la que ha caído cada copo. ¿Se parece el resultado a la suposición? ¿En cuántas baldosas han caído 0, 1, 2, 3, 4 o más copos? Compare el resultado con el de algún compañero.

¿Ha salido lo esperado? ¿Se parecen mucho las suposiciones y la realidad?

Como comentario general, una de las grandes dificultades del estudio de los fenómenos aleatorios es la tendencia a pensar que hay muchas pautas o regularidades en los resultados. En el apartado 1 se tiende a dibujar la mitad, más o menos, de cada color, y muy pocas casillas juntas del mismo color. En cuanto a la forma de caer los copos (apartado 3), se cree algo muy próximo a cuatro copos por baldosa, situación que en la simulación (y en la realidad) no sucede. En cambio, si hace esto con muchos amigos y suman todos los resultados verán que, cuanto mayor es el número, los resultados cada vez se acercan más a ese resultado teórico (que nos da la *ley de los grandes números*, que consideramos «intuitivamente», pero de forma errónea, que se cumple también con pequeños números, con pocas pruebas).

En una esfera

Elegimos tres puntos al azar sobre una esfera. ¿Cuál es la probabilidad de que los tres se encuentren en el mismo hemisferio (suponiendo que el círculo máximo que lo circunda pertenezca al hemisferio)?

Solución. Quizás el tema exige algunas reflexiones previas sobre geometría del espacio y de la esfera. Dados tres puntos cualesquiera siempre hay al menos un plano que pasa por ellos (por eso es por lo que una mesa se puede sujetar con tres patas, no colocadas en línea recta, que es cuando determinan un solo plano; si lo están entonces hay infinitos planos que pasan por ellas). Por otra parte, un plano cualquiera al cortar una esfera determina en ella un círculo, que es máximo (de radio igual a la esfera) si ese plano pasa por el centro de la misma y de radio menor en otro caso. En este segundo caso todo el círculo está en una semiesfera, la que se obtiene al cortar la esfera por un plano paralelo al mismo que pase por el centro. Por tanto, si el plano que pasa por los tres puntos pasa por el centro de la esfera, los tres puntos están en el círculo máximo que bordea el hemisferio; si no son interiores al mismo. Pero en ambos casos los tres puntos están en el mismo hemisferio.

Luego la inesperada respuesta es que *los tres puntos*, los elijamos en la forma que queramos, *están siempre en el mismo hemisferio*.

Casamientos antiguos

Casarse en Machuria

En un territorio llamado Machuria (no por casualidad, y no situado en un área geográfica concreta, sino bastante extendido en el tiempo y en el espacio: la tierra del machismo), cuando una chica quería casarse tenía que pedir permiso. Iba junto con el chico con el que se había prometido al palacio del «jefe» y éste ponía en la mano cerrada de la chica seis trozos de igual longitud de una cuerda fina que sobresalían por los dos lados de su mano; su pretendiente tenía que ir uniéndolos (haciendo nudos) de dos en dos por cada lado de la mano sin que la chica la abriera, para no poder saber los extremos de cada una; cuando estaban hechos los seis nudos la chica abría la mano: si la cuerda salía formando un anillo podían casarse; si no, tenían que postergar la boda.

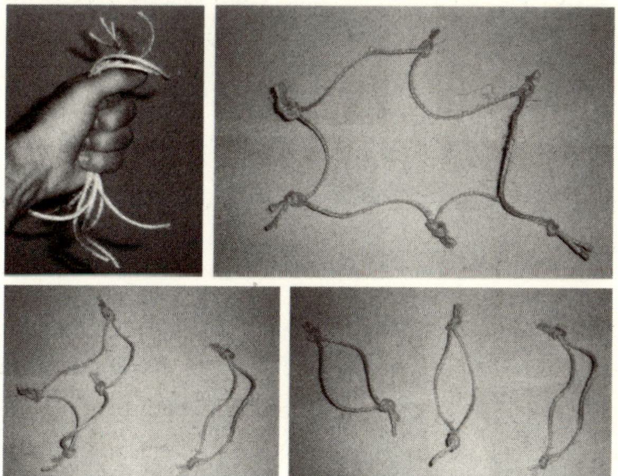

Para poder casarse en Machuria, la muchacha casadera sujeta los trozos de cuerda tal como muestra la imagen de arriba a la izquierda, mientras que su pretendiente tiene que anudar los extremos. Si el resultado presenta forma de anillo (arriba a la derecha), la boda puede celebrarse. En caso contrario (fotografías inferiores), ésta debe posponerse.

Pasado un año tenían una nueva oportunidad; si el resultado también era negativo, ya no podían volver a intentarlo, y no tenían derecho a casarse. ¿Podemos evaluar lo difícil que era casarse en Machuria?

Solución. Al parecer, el «jefe» del territorio no era muy amigo de los matrimonios entre sus súbditos, porque la probabilidad de que salga un anillo es, «evidentemente», muy pequeña. Pero puede pasar que las apariencias engañen.

Vamos a hallar la probabilidad del primer año calculando los casos favorables (*CF*) y los posibles (*CP*). Atamos como queramos las cuerdas que salen por uno de los lados de la mano, porque no supone ninguna limitación de lo que sucederá al atar por el otro lado, y es en ese lado donde nos fijamos. Las maneras posibles de atar son las siguientes: para el primer nudo, elegimos uno de los extremos, que podremos atarlo con cualquiera de los otros cinco (5 por tanto); hecho esto elegimos el segundo extremo, de manera que ya sólo hay tres para elegir; atado el segundo nudo únicamente nos quedan dos extremos sueltos, y la única posibilidad es atarlos entre sí. Por tanto, $CP = 5 \cdot 3 \cdot 1 = 15$. ¿En cuántos de esos casos sale un único anillo? Esos serán los *CF*.

Una vez elegido uno de los extremos, podemos hacer el primer nudo con todas las cuerdas excepto con aquella que ya está unida por arriba con ella, es decir, hay cuatro posibilidades; para el segundo nudo tenemos que evitar la cuerda que ya está unida por arriba con ella y, si es el caso, la que generaría un círculo de cuatro trozos debido al nudo previo: dos casos; en el tercero sólo quedan dos extremos, luego una sola opción. Eso significa que $CF = 4 \cdot 2 \cdot 1 = 8$. La probabilidad de casarse el primer año es:

$$p = \frac{CF}{CP} = \frac{8}{15} \cong 0{,}53 \ (53\%).$$

Un resultado sorprendente: el primer intento es positivo en más de la mitad de los casos.

Vayamos ahora al conjunto de los dos años. La probabilidad de que no salga el anillo en un año es:

$$(1-p) = 1 - 0{,}53 = 0{,}47.$$

La de que no salga en ninguno de los dos años (que no salga en ninguno de los dos intentos) es el producto de sus probabilidades:

$$(1-p) \cdot (1-p) = 0{,}47 \cdot 0{,}47 = 0{,}22.$$

Eso indica que haciendo la prueba dos años seguidos hay una probabilidad del 22% aproximadamente de que no salga un único anillo ninguno de los dos. Es decir, que podrán casarse el 78% de los que lo intenten dos años.

La probabilidad del segundo año puede verse de otra manera. La posibilidad de hacer un solo anillo en el segundo intento volverá a ser del 53%, pero considerando sólo al 47% que las parejas que no acertaron el primer año, que son las únicas que repetirán la prueba. Como $0{,}53 \cdot 0{,}47 \cong 0{,}25$, se tiene que el segundo año conseguirá el anillo el 25% de las parejas que se habían presentado y fracasado; luego sólo hay un 47%−25%=22% que no se podrán casar.

Mirándolo de cualquiera de las dos formas, y contra lo que parecía «evidente», ¡no es muy difícil casarse en Machuria!

Casarse en Remachuria

Remachuria, territorio cercano a Machuria, tenía un caíd todavía más reaccionario, que quería endurecer las condiciones de casamiento respecto a Machuria: aplicaría el mismo procedimiento, pero, en vez de con seis, con ocho trozos de cuerda fina. ¿Cree que es mucho más difícil casarse en Remachuria?

Por la misma razón que en Machuria, el primer año la probabilidad, será:

$$p = \frac{CF}{CP} = \frac{6 \cdot 4 \cdot 2 \cdot 1}{7 \cdot 5 \cdot 3 \cdot 1} = \frac{48}{105} = 0{,}457 \ (45{,}7\%).$$

En dos años seguidos, la probabilidad de que ninguno salga es:

$$(1-p) \cdot (1-p) = 0{,}284 \ (28{,}4\%).$$

Lo que quiere decir que el 71,6% sí que podrá casarse. ¡El caíd de Remachuria era bruto y no muy espabilado con la probabilidad!

Otras situaciones

Ganar al tenis

Juan y Ana son amigos, hijos de dos familias amigas, y jugadores aficionados de tenis. Quieren que les dejen ir a un viaje, pero sus padres, también aficionados al tenis, no lo acaban de ver claro y deciden jugárselo a una serie de partidos: si ganan el desafío podrán ir de excursión. Sus madres se lo explican: «Elegid entre vosotros dos el que quiere jugar contra nosotras dos. El elegido tiene que jugar tres partidos contra nosotras cambiando de adversaria en cada partido. Si ganáis dos partidos consecutivos podréis ir a ese viaje». De las dos madres, la de Ana es mucho mejor jugadora que la de Juan. ¿Contra cuál de las dos madres tendrá que jugar primero el mejor de los hijos para tener más probabilidades de ganar?

Solución. Podemos decidirnos por el «sentido común» (que según vamos viendo en esto de la probabilidad es, como en otros ámbitos, el menos común de los sentidos) o apelar al cálculo de probabilidades, que no parece complicado, ya que sólo hay dos posibles soluciones: o se juega en primer lugar contra la madre de Juan o contra la de Ana. Eso sí, con la dificultad añadida de que no hay números a los que podamos recurrir (aunque sea para hacer operaciones y tener la sensación de que hacemos algo).

Parece que lo «evidente» es jugar dos partidos contra la madre de Juan porque juega peor y así es más fácil que ganemos. Llamamos J a la probabilidad de ganar a la madre de Juan y A, a la de ganar a la madre de Ana. No sabemos los valores de J ni de A, pero como la madre de Juan juega peor, es más fácil ganarla, luego podemos asegurar que J es mayor que A ($J>A$). Invitamos a hacer los árboles de la situación, a ver las probabilidades en cada una de las dos secuencias (Madre de Juan-Madre de Ana-Madre de Juan, o Madre de Ana-Madre de Juan-Madre de Ana) y comparar los resultados.

Veamos la *secuencia de juego Madre de Juan-Madre de Ana-Madre de Juan*. Les darán permiso en cualquiera de los dos casos siguientes:

1. Gana a la madre de Juan y gana a la madre de Ana (el tercer partido no necesita celebrarse porque ya habrá ganado dos consecutivos). La probabilidad P_1 de esta situación es $P_1 = J \cdot A$.
2. Pierde con la madre de Juan la primera vez, pero gana los dos partidos siguientes. La probabilidad P_2 en este caso será $P_2 = (1-J) \cdot A \cdot J$.

La probabilidad P de ganar en este caso será la suma de P_1 y P_2:

$$P = P_1 + P_2 = J \cdot A + A \cdot J \cdot (1-J) = J \cdot A \cdot (1+1-J) = J \cdot A \cdot (2-J).$$

Ahora la *secuencia de juego Madre de Ana-Madre de Juan-Madre de Ana*. Ganarán los hijos en los dos casos siguientes:

1. Gana a la madre de Ana y gana a la madre de Juan (y da igual lo que suceda en el tercer partido). La probabilidad R_1 de esta situación es $R_1=A\cdot J$.
2. Pierde con la madre de Ana en el primer partido, gana a la madre de Juan y gana el segundo partido con la madre de Ana. La probabilidad R_2 será $R_2=(1-A)\cdot J\cdot A$.

La probabilidad R de ganar en este caso será la suma de R_1 y R_2:

$$R=R_1+R_2=A\cdot J+J\cdot A\cdot(1-A)=J\cdot A\cdot(2-A).$$

Para ver dónde es mayor la probabilidad comparamos P y R, que sólo se diferencian en el último factor. Como $J>A$, $(2-J)<(2-A)$, de modo que $R>P$, tenemos, por tanto, una aparente contradicción, contraria a la «evidencia»: ¡hay que jugar dos veces contra la mejor jugadora (la madre de Ana)!

Pensando con calma y aplicando el sentido común, sin cálculos, también lo habríamos deducido. En la serie de tres partidos el que más conviene ganar es el segundo, porque nos sirve para hacer la secuencia de dos partidos ganados seguidos, tanto si se gana el primero como el tercero. Luego es conveniente jugar en segundo lugar contra la jugadora a la que sea más fácil ganar.

Una apuesta: las tres fichas

Tenemos tres fichas en una caja opaca: una es de color blanco por las dos caras; otra tiene un aspa roja en una de las caras y es blanca por la otra cara, y la tercera tiene un aspa en ambas caras. Alguien saca una de las fichas y la pone sobre la mesa sobre una de sus caras, que resulta ser blanca. Propone la apuesta de adivinar la otra cara, sin mirarla. ¿Por qué tipo de cara es más favorable apostar? ¿O da lo mismo?

Solución. Parece que da igual decir que es también blanca o que tiene aspa, que la probabilidad es del 50%. Pero vamos a ver que no es así, sino que es más probable que sea del mismo color. ¿Por qué? (sería conveniente recordar el problema de Monty Hall del capítulo 2, porque es muy similar).

Analicemos de dónde puede venir esa cara blanca. Puede ser una de las dos caras de la moneda que es blanca por ambas caras, o bien la cara blanca de la moneda «mixta». De las seis caras que podían mostrarse, tres son blancas. Una vez que hemos visto una cara blanca, las opciones se centran en las dos fichas con al menos una cara blanca, y en ellas, dos de las tres caras que desconocemos (la cuarta es la mostrada) son blancas. En consecuencia, la probabilidad de que la otra cara sea blanca es 2/3, no 1/2 como podría pensarse (por la misma razón, si ha salido aspa hay que apostar por otra aspa). Si jugamos muchas veces a este juego, como decíamos en el concurso televisivo, es rentable apostar porque la otra cara es del mismo color que la que vemos: a la larga ganaremos dos de cada tres veces.

El problema de los abrigos

Un grupo de N jóvenes va a una discoteca en invierno y, al entrar, dejan sus abrigos en el guardarropa, recibiendo cada uno un número. Hay un apagón prolongado, por lo que salen a oscuras de la discoteca y cada uno coge un abrigo sin ver el número. ¿Cuál es la probabilidad de que ninguno de los jóvenes recoja su abrigo? ¿Depende del número N de asistentes?

Solución. Se puede simular de varias formas. Es sencillo coger cartas con números (por ejemplo hasta el 10), barajarlas, ponerlas en fila boca abajo y, al volverlas, comprobar si alguna de ellas se encuentra en el lugar que dice el orden. Al repetirlo varias veces (es conveniente hacerlo en compañía para sorprenderse y para obtener rápidamente muchas experiencias) se tiene una idea aproximada de la probabilidad. Cambiando el número de cartas (15 en vez de 10, por ejemplo) se puede comprobar si depende del número de personas.

Si llamamos A_i al suceso «el joven i coge su abrigo», la unión de los sucesos A_1, $A_2, A_3, \ldots, A_N$ es el suceso $A =$ *alguno de los jóvenes coge su abrigo*, y lo que se nos pregunta es la probabilidad del suceso contrario: que ninguno lo haga. Si conocemos $p(A)$, la probabilidad que buscamos es $1-p(A)$.

Aplicando las fórmulas del cálculo de probabilidades se obtiene el siguiente resultado general para N personas:

$$p(A)=1-\frac{1}{2!}+\frac{1}{3!}-\frac{1}{4!}+\frac{1}{5!}-\ldots+(-1)^{N+1}\frac{1}{N!}\ .$$

Como $p(A)$ depende de las inversas de factoriales (que hemos visto que crecen muy rápidamente), su valor es prácticamente constante en cuanto N se hace un poco grande (recordemos, por ejemplo, que $10! = 3.628.800$, lo que hace que $1/10!$ sea irrelevante) y tiende a:

$$p(A)=1-\frac{1}{e}\approx 0{,}63,$$

donde *e* es un número definido como un límite:

$$e = \lim_{N\to\infty}\left(1+\frac{1}{N}\right)^{N} \cong 2{,}71.$$

En definitiva, la probabilidad de que ninguno coja su abrigo es prácticamente independiente del número de jóvenes y es de 0,37 (37%).

Colecciones de cromos

Formar colecciones de cromos es una afición persistente en el tiempo, a la que se dedican generaciones sucesivas de niños y jóvenes, variando sólo el tema al que están dedicados los cromos. Siempre existe la sospecha de que los fabricantes lanzan gran cantidad de ejemplares de todos los cromos, excepto de dos o tres que no hay manera de encontrar por más que se compren sobres y sobres. Dejando aparte esa presunta práctica, si de todos los cromos se tira el mismo número, ¿cuántos es esperable que tengamos que comprar para completar la colección?

Solución. Supongamos una colección de 50 cromos. El primero que compremos seguro que no lo tenemos, pero con el segundo la probabilidad de que sea nuevo es de 49/50; cuando tengamos dos, será de 48/50, y así sucesivamente. Si ya tenemos 40 cromos diferentes, la probabilidad de que al comprar uno nuevo no lo tengamos es de 10/50 (los 10 que nos faltan entre los 50) = 1/5. Por tanto, en este caso es de esperar que tengamos que comprar 5 = 50/10 cromos (el inverso de 10/50). Lo mismo pasa en los otros casos, luego, intuitivamente, en total el número de cromos que debemos comprar es:

$$\frac{50}{50}+\frac{50}{49}+\frac{50}{48}+\ldots+\frac{50}{3}+\frac{50}{2}+\frac{50}{1}=50\left(\frac{1}{50}+\frac{1}{49}+\ldots+\frac{1}{2}+\frac{1}{1}\right).$$

Debe señalarse que la expresión anterior puede justificarse con argumentos probabilísticos, lo que significa que, en este problema, el razonamiento intutitivo está de acuerdo con lo que dice la probabilidad. El paréntesis anterior se llama «número armónico», y una buena aproximación de su valor (se puede comprobar haciendo sumas con la calculadora) es 4,5. Eso quiere decir que sin prácticas irregulares en la fabricación, habría que comprar unos $50 \cdot 4{,}5 = 225$ cromos para completar la colección. ¿Es ésa la experiencia que tenemos?

En general, si la suma del paréntesis acaba en un valor grande de N en vez de en 50, su suma es $0,58 + \ln N$ (donde $\ln N$ es el logaritmo neperiano de N, cuyo valor se puede encontrar en una tecla de una calculadora científica).

Por suerte, acabar colecciones se facilita intercambiando los cromos repetidos con amigos o conocidos, que no tienen por qué coincidir con los propios. También se puede evaluar cuál es la ganancia en cromos según el número de personas que intervengan en el trueque. Pero eso ya es cuestión de una investigación un poco más larga, que no trataremos aquí.

Capítulo 5

Sorteos y loterías

Diseñar sorteos o loterías equitativos (aquellos en los que todos los participantes tengan las mismas probabilidades de ganar) es un poco más complicado de lo que parece. Podemos pensar que, salvo que seamos jugadores, es algo que no nos afecta, pero en ese caso no tendremos una percepción acertada de la realidad. De hecho, a lo largo de nuestra vida participamos en muchos sorteos, en algunos incluso sin enterarnos, como los que se hacen para decidir los miembros de las mesas electorales o de los jurados populares en los juicios. Y también, por citar sólo algunos casos, la adjudicación de las plazas escolares en los lugares y etapas en los que son escasas (en las ciudades y en la etapa de 0 a 6 años), el reparto de las viviendas de protección oficial, la participación en tribunales de oposiciones (si se es funcionario) o el lugar u orden de participación en las mismas (si se es opositor).

Ha habido ejemplos históricos, algunos sonados, de sorteos injustos y de loterías mal diseñadas (de los que veremos algunos ejemplos), en todos los casos de forma impremeditada, pensando que se hacía lo correcto, lo que indica que también en este campo se plantean dificultades de concepción y ejecución. Por eso comenzaremos con diferentes situaciones de sorteos para hacer reflexiones que nos permitan ir mejor pertrechados para entenderlos.

La palabra «lotería» tiene su origen en *lotto*, vocablo italiano para designar un lote y también el destino. No obstante, existen referencias a loterías en el Antiguo Testamento e incluso en China, donde este método sirvió para financiar la construcción de la Gran Muralla.

En Europa la historia de la lotería empieza en 1498 en Portugal, que la fundó para ayudar a los desamparados y satisfacer las necesidades monetarias del país. En 1727 los Países Bajos fundaron una de las loterías más antiguas del mundo, puesto que todavía sigue en vigencia. Buscaban restaurar el erario público para financiar sus guerras y para la construcción de obras públicas.

En España la primera lotería se estableció, con carácter de monopolio, en 1763, durante el reinado de Carlos III. La actual Lotería Nacional nació el 25 de diciembre de 1811, durante la Guerra de la Independencia, como «un medio de aumentar los ingresos del erario público sin quebranto de los contribuyentes» y fue denominada por el pueblo «Lotería Moderna» para diferenciarla de la «Lotería Primitiva».

Los niños y la lotería son inseparables porque su inocencia, como garantía de imparcialidad, fue la solución al problema de la confianza en la limpieza de los sorteos: por ese motivo son los alumnos del Colegio de San Ildefonso los que cantan los premios desde 1771.

Sorteos con pocos participantes

Sorteos con una moneda trucada

Los sorteos con una moneda pueden no ser muy frecuentes, pero se trata de lograr con ellas una mejor percepción de los problemas que llevan aparejados los diseños de sorteos. Supongamos que tenemos una moneda y con ella queremos hacer un sorteo justo o equitativo para dos personas. ¿Qué hacer? La primera posibilidad es considerar que la moneda es equitativa, es decir, que la probabilidad de sacar cara o cruz es exactamente la misma, en cuyo caso la solución es sencilla: tirar a cara o a cruz. Pero que la moneda sea equitativa es algo que a priori no podemos saber. Sin embargo, pensando un poco podemos conseguir un sorteo que de verdad sea justo, con independencia de la moneda.

Supongamos que la probabilidad de que salga cara (C) es p (que no conocemos, y que sería 0,5 si la moneda fuera equitativa), con lo que la probabilidad de cruz (X), el suceso contrario del anterior, será $(1-p)$. ¿Cuál es la probabilidad de sacar CX (cara-cruz) en ese orden? Como las tiradas son independientes, el resultado de una no influye en el de la otra, es el producto de las probabilidades:

$$\text{prob}(CX) = p \cdot (1-p).$$

¿Y la probabilidad de sacar XC en ese orden? Por la misma razón que antes,

$$\text{prob}(XC) = (1-p) \cdot \text{p} = \text{prob}(CX).$$

Por tanto, ya tenemos la forma de hacer un sorteo justo entre dos personas con cualquier moneda. Se trata de tirar dos veces seguidas la moneda: con XC gana uno de los jugadores; con CX, el otro. El único inconveniente (pequeño, por otra parte) es que las tiradas en que salga CC o XX son inhábiles, no las podemos tener en cuenta, y tendremos que continuar hasta que una de las veces obtengamos CX o XC. El lector puede comprobar que despreciar esos casos no altera la equidad del sorteo (en el apartado «Un sorteo oficial bien diseñado», en este mismo capítulo, se muestra un caso similar).

Por tanto, cualquier moneda es buena para hacer un sorteo justo entre dos personas. Algo que no es privativo de las monedas y que puede aplicarse a cualquier otro instrumento con dos resultados posibles, aunque sean de probabilidad muy dispar.

Sorteos para tres o más personas

Supongamos ahora que las personas entre las que hay que hacer el sorteo son tres, y que alguien propone el siguiente procedimiento: preparamos una bolsa (o urna opaca) con tres bolas, una blanca y dos negras (por supuesto, todas ellas con la misma forma y textura para que sean indistinguibles al tacto). Los tres van sacando, por orden, una bola que no devuelven a la bolsa. Gana el que saca la bola blanca. ¿Es justo? Si no lo es, ¿quién tiene más ventaja, el primero, el segundo o el tercero que extraiga? Si nos viéramos en esta situación y pudiéramos escoger, ¿en qué lugar preferiríamos extraer la bola?

Por simplicidad podemos suponer que las bolas están numeradas, 0, 1 y 2, y que la bola blanca es la número 0. Veamos qué ocurre al calcular la probabilidad de ganar de cada uno de los tres participantes. El orden de extracción de las tres bolas será uno de los seis siguientes, que corresponden a las seis ordenaciones posibles que pueden obtenerse:

012 021 102 120 201 210

Una simple observación visual permite concluir que en dos de los seis casos la bola 0 será extraída en primer lugar, en otros dos se extraerá en segundo lugar, y en los dos restantes, en tercer lugar. En otras palabras, es indiferente el orden en que se extraiga la bola.

Usando la regla de Laplace, es también evidente que la probabilidad de sacar la bola negra en primer lugar es 2/6 (dos casos favorables, 012 y 021, sobre seis casos posibles, que se corresponden con cualquiera de las ordenaciones anteriores), y también es 2/6 la probabilidad de extraerla en segundo o en tercer lugar.

Veamos qué ocurre razonado en términos de probabilidad condicionada. Dado que hay tres bolas, la probabilidad de que gane el primero es prob(1°) = 1/3. Para que gane el segundo, el primero debe haber extraído bola negra, y el segundo, la blanca. En otras palabras, el segundo debe tener la posibilidad de extraer (la probabilidad de que eso ocurra es 2/3, la probabilidad condicionada a que el primero no ha ganado) y, además, sacar la blanca (cuando ya sólo quedan una negra y una blanca). En resumen, prob(2º) = 2/3 · 1/2 = 1/3. Finalmente, prob(3º) = 1 – 1/3 – 1/3 = 1/3.

Si en lugar de tres bolas hubiera 100 o *N* participantes, introduciríamos 100 (o *N*) bolas y razonamientos similares nos llevan a afirmar que la probabilidad de sacar la bola del premio en un lugar determinado es 1/100 (o 1/*N*).

Una situación equivalente se da si un profesor desea sortear un premio entre sus *N* alumnos y para ello escribe un número entre 1 y *N* en un papel y pregunta a cada alumno «por orden alfabético» un número entre 1 y *N*, dando el premio a quien acierte el número escrito. De nuevo, el orden (alfabético en este caso) es irrelevante.

Sorteos con muchos participantes

Para poder analizar las dificultades de los sorteos con muchos participantes vamos a referir dos hechos históricos, ambos relacionados con ejércitos. En los dos casos se organizaron con las pretensiones de que fueran justos, que todos los participantes tuvieran las mismas probabilidades de ser elegidos o excluidos.

Nos situamos en primer lugar en Estados Unidos, en el año 1970, con la guerra de Vietnam en todo su apogeo, la necesidad de soldados y un ambiente de rechazo a la misma. Se organizó entonces un sorteo militar para elegir a los jóvenes que se tenían que enviar. Aquí el interés era no salir elegido. Para organizar el sorteo se colocaron las 366 fechas posibles de un año (del 1 de enero al 31 de diciembre, incluido el 29 de febrero), cada una en una cápsula, y todas ellas se fueron extrayendo al azar. La primera que salió fue la del 14 de septiembre, después el 24 de abril, y de este modo se fueron reclutando soldados, nacidos entre 1941 y 1952, siguiendo el orden de las fechas aparecidas en el sorteo (primero los del 14 de septiembre, después los de 24 de abril...). ¿Qué le parece el procedimiento? ¿Es justo?

Estamos ahora en España en 1997, donde el servicio militar es obligatorio para los varones de una determinada edad. Los llamados a filas eran 165.342, pero las necesidades del ejército eran menores, de forma que había 16.442 de ellos que no tendrían que ir a la «mili», los llamados «excedentes de cupo». En este caso salir elegido en el sorteo era algo deseable. Se organizó de la siguiente manera: en primer lugar se asignó de forma aleatoria un número a cada uno de los 165.342 sorteables. Para realizar el sorteo se colocaron seis bombos con bolas para cada una de las seis cifras del número que saldría elegido a partir del cual se librarían los 16.442 «mozos» cuyos números fueran los consecutivos del que había salido (y si llegaban al final se recomenzaba por el número 1 hasta completar la cantidad requerida). En el primer bombo había cinco bolas con el 1 y cinco con el 0 (correspondía a las centenas de millar); en todos los demás había 10 bolas numeradas del 0 al 9. Estaba previsto que si en el segundo bombo (en el de las decenas de millar) salía una bola mayor que 6 (como sucedió en realidad) se repetía la extracción en ese bombo. ¿Qué le parece el sorteo en este otro caso? ¿Era justo?

Antes de pasar a comentar el resto de la historia de estos dos sorteos castrenses, pasemos a ver otro que durante algún tiempo se utilizó para adjudicar plazas en instituciones en las que había más demanda que oferta, como, por ejemplo, algunas escuelas de idiomas. Se asignaba un número por orden de preinscripción y se sacaba por sorteo uno de tales números; si había, por ejemplo, 50 plazas, se adjudicaban a ese número y a los 49 siguientes. ¿Qué es lo que lo hace no correcto? Imaginemos que yo me quiero matricular; si convenzo a 30 amigos de que se apunten delante de mí y los números para el sorteo se asignan por orden de inscripción, yo jugaré con ventaja porque sé que todos mis amigos renunciarán a su plaza. En ese caso juego no sólo con mi número, sino con el mío y los 30 anteriores de mis amigos. Puede pensarse que es una manera de aumentar la probabilidad muy sofisticada, pero lo cierto es que se utilizó durante bastante tiempo, de forma que ahora se ha cambiado el procedimiento y no se adjudican los números de forma correlativa al preinscribirse.

También se ha cambiado por la misma razón el tipo de sorteo en la adjudicación de pisos protegidos, que se hacía de la misma forma (a pesar de que en este caso tenía menos relevancia porque apuntarse para después renunciar implicaba arriesgarse a entrar en un lista negra).

Retomemos el sorteo de Vietnam. El resultado arrojó que los nacidos en los últimos meses del año eran muy superiores a los nacidos en el resto de los meses. Puesto que la fecha de nacimiento se asume aleatoria (aunque esto podría abrir otra discusión), era de esperar una distribución de fechas también aleatorias. ¿Qué falló? Las cápsulas con las fechas de nacimiento se introdujeron en el bombo empezando por el 1 de enero, y así, en orden riguroso de fechas hasta acabar el 31 de diciembre. Sin mezclarlas demasiado comenzaron a extraerse, por lo que las del final del año, que estaban arriba, salieron en una proporción mucho mayor de la esperada. ¿Cómo se podría haber hecho de manera más sencilla y justa? Por ejemplo, sacar sólo una fecha al azar, después de voltear adecuadamente el bombo, y elegir los hombres necesarios nacidos a partir de esa fecha. Rápido y más justo.

Vamos al caso español. El hecho de que en el primer bombo hubiera la misma probabilidad de que saliera 0 que 1, puesto que había cinco bolas de cada, hacía que la probabilidad de extraer un número (y, consecuentemente, la de ser declarado excedente de cupo) dependiera del número que se tuviera. Así, obviando el tema de la posible repetición del número extraído en el segundo bombo, para los números entre 1 y 99.999, la probabilidad de ser extraídos es:

$$p(P)=\frac{1}{2}\cdot\frac{1}{99.999}=0{,}000005,$$

mientras que para los números restantes es:

$$p(S)=\frac{1}{2}\cdot\frac{1}{65.343}=0{,}00000765.$$

Es decir, los números de este último grupo tenían una probabilidad de ser elegidos notablemente superior a los primeros, alrededor de un 50% por encima. El número extraído en el sorteo fue el 155.611; en el caso del primer 5 hubo que repetir la extracción porque en primer lugar salió un 8 (al ser mayor que 6). Se libraron de la mili desde ese número hasta el final, y luego se siguió a partir del 1 hasta completar los 16.442 exentos.

Sólo un apunte más para terminar con el tema del sorteo español. El responsable político de su organización y subsecretario de Defensa en ese momento, ante las preguntas de los periodistas sobre las probabilidades y demás no tuvo ningún empacho en contestar: «Yo no domino los argumentos probabilísticos porque soy de letras». El sorteo nunca se repitió, porque, de acuerdo con la información del Ejército, «se había preservado la igualdad de oportunidades de todos los implicados porque la asignación de números a cada uno se había hecho de forma aleatoria». Esta última afirmación es correcta, dado que para calcular la probabilidad real de que el número de un joven saliera en el sorteo, las probabilidades anteriores deben ser multiplicadas por la probabilidad de asignar un número entre 1 y 99.999 o entre 100.000 y 165.343. Este hecho demuestra que la probabilidad resulta difícil de comprender para mucha gente y, a pesar de la ignorancia mostrada por los responsables del sorteo, éste fue correcto, aunque resulte conveniente olvidar algunas de las explicaciones que dieron. En el apartado siguiente se muestra, en otro contexto, cómo puede hacerse un sorteo justo en tales condiciones.

Por una razón análoga no es justo un sorteo para formar parte de algún tribunal, jurado, mesa o similares en el que se extraigan las dos primeras letras del primer apellido. En ese caso no todos los apellidos son igualmente probables, y alguien cuyo apellido sea, por ejemplo, «Matute», como la única posibilidad de ser elegido es que salga «MA», al tener delante apellidos muy frecuentes, como «Martínez», casi nunca le va a tocar.

Un sorteo oficial bien diseñado

Desde el Gobierno de Aragón se solicitó al Departamento de Métodos Estadísticos de la Universidad de Zaragoza el diseño de un sorteo para que la adjudicación de viviendas protegidas se realizase mediante un procedimiento equitativo entre todos los solicitantes. Del mismo adjuntamos una parte relativa a sorteos con un gran número de participantes.

Cuando las promociones cuyas viviendas se van a asignar tienen un gran número de solicitantes, la posibilidad de disponer de un bombo con todos los números participantes en el sorteo puede resultar una tarea compleja de llevar a la práctica por varias razones, entre las que podemos mencionar, por ejemplo, el derecho de los participantes a comprobar que sus números se introducen realmente dentro del bombo. Por ello, en estos casos se recomienda que el sorteo se realice por el procedimiento de bombos múltiples, un bombo para cada cifra. Cada bombo deberá contener 10 bolas con las cifras 0 a 9. En lo sucesivo, y con el fin de simplificar la presentación, supondremos que hay más de 10.000 participantes, es decir, se necesitan cinco bombos, siendo el primero de ellos el que corresponde a las unidades; el segundo, a las decenas; el tercero, a las centenas; el cuarto, a las unidades de millar, y el quinto, a las decenas de millar. Si el número de participantes es superior a 1.000 y, como máximo, igual a 10.000, todo lo que se expone seguirá siendo válido, pero sólo habrá cuatro bombos, por lo que todo lo que se diga del quinto bombo será válido para el cuarto. Del mismo modo, si el sorteo es entre más de 100 personas y un máximo de 1.000, sólo se necesitarán tres bombos, y el papel del quinto bombo lo desempeñará el tercero. Como se desprende de lo dicho anteriormente, para sorteos de 100 o menos personas participantes se recomienda el procedimiento del bombo único. Si se decide usar el de bombos múltiples, ahora sólo se requieren dos, siendo el de las decenas el que desempeña el papel que en lo sucesivo se asigna al quinto bombo.

Debe señalarse, además, que entre la asignación de números, en principio, debería encontrarse el cero como uno cualquiera de ellos, de forma que si se habla de 10.000 números estamos pensando en que éstos varían desde el 0 hasta el 9.999, de forma análoga a como se realiza en los sorteos de la lotería. En muchos casos, por diferentes motivos, es habitual no asignar el 0 a ningún participante, situación en la cual debe hacerse una ligera modificación del procedimiento, que no afecta a la equidad del sorteo y que se describe posteriormente. Es necesario efectuar dicha modificación, ya que en el procedimiento de bombos múltiples la aparición del cero es tan probable como la de cualquier otro número[1].

Debemos ahora considerar las situaciones posibles. Recordemos que estamos pensando en un sorteo con cinco bombos (más de 10.000 participantes en el sorteo). Supongamos, por ejemplo, que en él participan un número de personas que es múltiplo de 10.000, por ejemplo 30.000, es decir, los participantes tienen números entre 0 y 29.999. En este caso, en el quinto bombo sólo se deberán introducir bolas numeradas del 0 al 2. Así, para conformar el número premiado se deberá efectuar una extracción de cada bombo para conformar uno de los números participantes.

Consideremos ahora el caso en que el número de participantes en el sorteo no sea múltiplo de 10.000, por ejemplo 53.427. En este caso, en el bombo correspondiente a las decenas de millar, el quinto bombo, se introducirán bolas del 0 al 5, y se procederá como en el caso anterior, extrayendo una bola de cada bombo para configurar un número entre 0 y 59.999. Ahora bien, si el número resultante corresponde a un número que no existe deberán reintegrarse todas las bolas extraídas a sus correspondientes bombos, como si no se hubiese realizado la extracción previa, y se realizará una nueva extracción de cada bombo para componer el nuevo número. El procedimiento se repetirá, si fuera necesario, hasta que el número obtenido sea válido[2].

Para ver que el procedimiento es justo para todos los participantes en el sorteo utilizaremos un ejemplo concreto para mayor facilidad de la exposición y sin asignar el cero a nadie. Supongamos que los participantes tienen números que van desde el 1 hasta el 53.427; el procedimiento descrito consiste en utilizar cinco bombos (unidades, decenas, centenas, unidades de millar y decenas de millar), introducir bolas del 0 al 9 en los cuatro primeros, y en el quinto, bolas del 0 al 5. Se realiza una extracción de cada uno de los bombos para configurar el número: si está entre el 1 y el 53.427, es el número «premiado»; en caso contrario, esto es, si el número obtenido es el 0 (00000) o es mayor que el 53.427, se reintegran todas las bolas en sus correspondientes bombos y se vuelven a extraer las cinco, repitiéndose este proceso hasta que se obtenga un número entre 1 y 53.427.

---

1 Muchas veces se considera al cero como un número «feo» por lo que el organizador del sorteo no lo asigna a ningún participante.

2 También es correcto introducir en el quinto bombo todas las bolas del 0 al 9, procediendo de la forma que se acaba de comentar, es decir, anulando todas las extracciones que correspondan a números inexistentes. Sin embargo, esta forma de proceder suele resultar tediosa, ya que puede ser necesario repetir muchas extracciones al corresponder a números inexistentes.

Para ver que este procedimiento es justo hay que comprobar que todos los números entre el 1 y el 53.427 tienen las mismas probabilidades (esto es, 1/53.427) de resultar «premiados». Fijémonos en un número concreto, por ejemplo, el 12.525 y calculemos la probabilidad de que resulte premiado.

En primer lugar, debemos observar que al extraer una bola de cada uno de los bombos, todos los números entre el 00000 y el 59.999 tienen probabilidad de salir

$$\frac{1}{10}\cdot\frac{1}{10}\cdot\frac{1}{10}\cdot\frac{1}{10}\cdot\frac{1}{6}=\frac{1}{60.000},$$

ya que la probabilidad de extraer una bola determinada de cada urna es 1 dividido por el número de bolas. Así, la probabilidad de obtener el número 12.525 en la primera extracción es de

$$\frac{1}{60.000}.$$

Sin embargo, puede ocurrir que la primera extracción dé lugar a un número no válido y haya que realizar otra extracción en la que también pueda salir el número 12.525. Para que esto ocurra, la primera extracción ha de ser no válida, esto es, tiene que salir o bien el 00000 o bien un número mayor que 53.427, en total, hay 6.572 (los números entre 53.428 y 59.999) más 1 (el 00000) no válidos, con lo que la probabilidad de que en la primera extracción se obtenga un número no válido es de:

$$\frac{\text{números no válidos}}{\text{total números}}=\frac{6.573}{60.000}.$$

Por tanto, la probabilidad de obtener el número 12.525 en esta segunda extracción es la probabilidad de que la primera no sea válida,

$$\frac{6573}{60.000},$$

multiplicada por la probabilidad de que en la segunda extracción salga el 12.525, que es $\frac{1}{60.000}$. Así, esta probabilidad queda en:

$$\frac{6.573}{(60.000)^2}.$$

Repitiendo este cálculo para la situación en la que las n primeras extracciones no sean válidas y el número obtenido en la $(n+1)$ extracción sea el 12.525 y sumando todas las probabilidades, obtenemos finalmente que la probabilidad de que el número 12.525 resulte premiado es:

$$P(12.525 \text{ premiado}) = \frac{1}{60.000} + \frac{1}{60.000}\frac{6.573}{60.000} + \frac{1}{60.000}\left(\frac{6.573}{60.000}\right)^2 + \cdots +$$

$$+ \frac{1}{60.000}\left(\frac{6.573}{60.000}\right)^n + \cdots,$$

que es igual a

$$\frac{1}{60.000}\frac{1}{1-\frac{6.573}{60.000}} = \frac{1}{60.000}\frac{60.000}{53.427} = \frac{1}{53.427},$$

quedando así justificado que el procedimiento es justo.

Loterías, esperanza matemática

En nuestras sociedades siempre hay resistencia a pagar impuestos, salvo uno que se paga de forma voluntaria y con gusto: las loterías oficiales. Porque en ellas, sin ninguna duda, quien siempre gana es el Estado. Por ello hay frases lapidarias sobre el tema, como la del escritor inglés Henry Fielding (1707-1754): «Una lotería es un impuesto a todos los tontos de la creación. Y, alabado sea el cielo, se recauda con suma facilidad: la credulidad siempre está de moda».

LOTERÍAS MAL DISEÑADAS

El Estado (o el organizador) gana siempre salvo en el caso de las loterías mal diseñadas. Existen algunos ejemplos de este tipo de loterías, como el que tuvo lugar en 1728, cuando la ciudad de París organizó una lotería mensual para recaudar fondos con los que hacer frente a sus obligaciones.

El conocido pensador Voltaire (1694-1778), a pesar de sus reflexiones sobre el azar, del tipo «Azar es una palabra vacía de sentido, nada puede existir sin causa», en que hace las profesiones de fe deterministas propias de los ilustrados, con ayuda de un amigo matemático se dio cuenta de que estaba ante una situación soñada: comprando todos los números ganaba seguro. Así lo hizo, formando para ello una sociedad con una serie de amigos, lo que contribuyó a su fortuna económica, que, por otra parte, no dejó de acrecentar con sus obras literarias y diferentes negocios.

El análisis de los juegos de azar tiene un indudable interés matemático, pero también social. Si tenemos en cuenta la gran cantidad de personas y las cantidades económicas que mueven, es un tema importante en todos los países, y España en particular es una potencia mundial en juegos, con datos que lo confirman. Según recuerdan los anuncios, la Lotería de Navidad española es la que mayor cuantía de premios reparte en todo el mundo, y así se recoge en medios de comunicación internacionales, con un mensaje, al menos de forma implícita, de que eso quiere decir que la probabilidad de obtener premio es mayor.

Dado que en muchos juegos como la lotería existe la posibilidad de obtener diversos premios, un concepto importante es el de *esperanza matemática de ganancia*, que nos proporciona información sobre la ganancia media que podríamos obtener.

Para calcularla se determinan, en primer lugar, las probabilidades de cada premio con el método clásico: el cociente entre el número de casos favorables a recibir un premio y la totalidad de los casos posibles. Por ejemplo, en un sorteo con cien billetes o números, un primer premio y dos segundos, la probabilidad de resultar premiado con el primer premio jugando un billete es de $1/100 = 0{,}01$ (o el 1%), y con un segundo, de $2/100 = 0{,}02$ (2%); la de no ser premiado es de $97/100 = 0{,}97$ (97%).

EL NEGOCIO DEL AZAR

Las cantidades de dinero jugadas por los diferentes usuarios en las distintas modalidades de juegos de azar (incluidas loterías y casinos, bingos y otras salas de juego) puede representar, en algunos países occidentales, porcentajes tan elevados sobre el PIB como el 3%. Este volumen de gasto puede mantenerse incluso a pesar de las crisis económicas, como se ha demostrado en estos últimos años. En cuanto a otros aspectos sociales de los sorteos con premios importantes está en juego no sólo el dinero que se obtiene, sino toda una serie de preconceptos y prejuicios: la suerte del jugador, los «pálpitos» extraños ante los números, los sueños premonitorios o los lugares en los que comprar los billetes (es mejor si ha sobrevenido en ellos un desastre, ya que, por algún tipo de compensación divina o extraterrestre, la probabilidad de que toque es mayor). Sirva como ejemplo el de un ganador del premio máximo de la lotería con un número acabado en 48 que explicó por qué lo había elegido: «Soñé con el siete siete noches seguidas, y como siete por siete es cuarenta y ocho, ¡compré un 48!». ¡Como para hacer creer a este visionario que $7 \cdot 7 = 49$!

La esperanza matemática de ganancia en un juego es la suma de los productos de las posibles ganancias por las probabilidades de obtenerlas menos el dinero que se ha pagado por participar. En la rifa anterior, si cada billete cuesta 5 €, el primer premio es de 100 €, y los dos segundos, de 40 €, la esperanza de ganancia es de $100 \cdot 0{,}01 + 40 \cdot 0{,}02 - 5 = 1 + 0{,}8 - 5 = -3{,}2$ €. Si la esperanza es un número negativo (como pasa en este caso), el juego es *desfavorable* para el jugador; si fuera positivo (algo que no suele suceder salvo error de diseño), sería *favorable* y, si fuera cero, sería un juego *equitativo* o *justo* para ambas partes.

La Lotería de Navidad española

En España se juega a la Lotería de Navidad sobre todo por costumbre; es casi una obligación social ligada a los turrones, los regalos y las celebraciones, y suele jugarse en el trabajo, con los amigos o con la familia, a pesar de que lo que hacemos es un pago voluntario de impuestos. Mirando en cualquier billete vemos cuáles son los premios, en los 85.000 números de Navidad, que van del 00000 al 84.999. La probabilidad de que toque el premio máximo, jugando con un número, es de $1/85.000 = 0{,}00001176$, la misma de que toque el segundo o el tercero (tan pequeña como se indica en el recuadro «Un cuento de Navidad»). La de que toque uno de los dos cuartos o de los ocho quintos es de 2/85.000 y 8/85.000, respectivamente; la de que pueda uno consolarse con la «pedrea», con 1.774 números, es 1.774

Billete de Lotería de Navidad española correspondiente al sorteo celebrado el 22 de diciembre de 2009.

veces mayor que con el gordo. Sumando todos los premios se comprueba que en total hay 13.334 (con centenas, terminaciones y demás posibilidades), por lo que la probabilidad de que un jugador reciba alguno con un único billete de un décimo es de 13.334/85.000 = 0,156870588, casi 1/6, es decir, algo menos del 16%. Dicho en términos de jugador: si una persona juega con asiduidad 25 números diferentes cada año, recibirá unos cuatro premios anuales, la mitad de los cuales serán simples reintegros.

Multiplicando los premios de la lotería por la probabilidad de obtenerlos y sumando se ve que la esperanza matemática de ganancia para un décimo (que cuesta 20 €) es de –6 € (el 30% del precio del billete); en otras palabras: el juego es desfavorable para los jugadores, por supuesto, y rentable para el Estado.

UN CUENTO DE NAVIDAD

Juan tiene un amigo, de quien no dice ni el sexo, que vive en Ciudad Real, al que hace tiempo que no ve (ya ni conoce su dirección actual) y que en el último encuentro que ambos tuvieron prometió que le mandaría ese libro que tanto le gusta. Hace unos días encontró a otro amigo, Luis, quien le comenta que se va de viaje a Ciudad Real. A Juan le vuelven los fantasmas de su promesa incumplida y le da a Luis el libro para su amigo. Para no estropearlo, Luis lo mete dentro de un gran sobre y parte hacia Ciudad Real. Al llegar allí deja el coche en una calle en la que por fin encuentra aparcamiento, sale y a la primera persona que ve le entrega el sobre: «Toma, el libro que te envía tu amigo Juan de Zaragoza». Y aquella persona encontrada al azar le contesta: «¡Qué bien que se haya acordado! ¡Hacía años que lo esperaba!».

Por más que nos aseguren que esta historia es cierta, resulta increíble que ésa sea justamente la persona a la que buscaba, ¿no? Bueno, pues la probabilidad de que suceda es un poco mayor de la que a cualquiera de nosotros que hayamos comprado un número de lotería nos toque con ese número el Gordo de Navidad.

Por cierto, el número de habitantes de Ciudad Real es de 74.213, según el padrón municipal a 1 de enero de 2009, y el de billetes de la Lotería de Navidad de 2009 fue de 85.000.

Siempre toca fuera

El hecho de que la Lotería de Navidad sea tan popular y que tanta gente participe en el sorteo da lugar a estrategias con las que se intenta mejorar la pequeñísima probabilidad de que toque un premio importante.

Una persona aficionada a los juegos de azar que vivía en una pequeña ciudad siempre encargaba billetes de lotería a un familiar que habitaba en otra ciudad más grande diciéndole: «Cómpramela tú porque siempre toca en algún sitio de fuera». ¿Mejoraba con eso las posibilidades de que le tocara? Obviamente, no, pero es un sentimiento extendido que hace que mucha gente compre la lotería en alguna administración famosa. Si mucha gente compra números en un lugar concreto aumentará la probabilidad de que toque en esa administración, puesto que venderá más números, pero no aumentará la probabilidad de que toque un número concreto comprado en ella.

El optimismo puede ser todavía mayor, como el caso de una persona que para maximizar las posibilidades de que le tocara decía: «El número que juego en Navidad lo compro en cuanto ponen a la venta los billetes: así seguro que todavía no han vendido el Gordo». Aquí podemos recordar la situación en la que se extraía una bola de una bolsa con muchas bolas y una sola era la premiada: no importaba el orden de extracción.

Para terminar, pensemos si, aun siendo cierto el razonamiento con el que abríamos el apartado (es más fácil que toque fuera porque se juegan muchos más números), existe algún procedimiento por el que sea más fácil que nos toque la Lotería de Navidad. Por desgracia, es obvio que no.

Las loterías primitivas

Las loterías con el nombre de primitiva o lotto, que consisten en elegir m números entre 1 y N, son muy populares en muchos países. En España hay tres: la Lotería Primitiva y la Lotto 6/49 en Cataluña (en las que se trata de elegir 6 números entre 1 y 49) y la 7/39 de la ONCE. En el Reino Unido está también la 6/49; en Suiza, la 6/45; en Nueva Zelanda, la 6/40, y en Suecia hay dos posibilidades, la 7/35 o la 6/48.

En todos los casos, con pequeñas variaciones (cuya razón analizaremos más adelante), hay premio si se aciertan todos o varios de los números extraídos. En el caso de la primitiva española es preciso acertar 6, 5 + otro número que se sortea aparte (el complementario), 5, 4 o 3.

Centraremos nuestro análisis en esta última: el premio gordo son 6 números sorteados entre el 1 y el 49. El número total de formas diferentes en que pueden salir 6 números de los 49 posibles (puesto que el orden en que se elijan no es relevante) es, razonando como vimos en el capítulo 1:

$$\binom{49}{6} = C_{49}^{6} = \frac{49 \cdot 48 \cdot 47 \cdot 46 \cdot 45 \cdot 44}{6!} = 13.983.816.$$

¡Casi 14 millones! Con lo que la probabilidad de acertar los 6 haciendo una sola apuesta es un número francamente pequeño:

$$p = \frac{1}{13.983.816} \approx 0{,}000007\%.$$

Respecto a la posibilidad de los otros premios, en cada caso será

$$p = \frac{\text{casos posibles}}{13.983.816},$$

por lo que hay que calcular los casos posibles para cada número de aciertos.

Se puede no acertar uno cualquiera de los seis números y con cada «fallo» puede tomarse cualquiera de los otros 49–6=43 números, luego hay 6·43=258 posibilidades de lograr 5 aciertos, pero aquí se incluyen los casos en los que coincide el complementario (que son 6) y aquellos en los que no coincide. Con razonamientos parecidos, los casos favorables para 4 aciertos son $C_6^2 \cdot C_{43}^2 = 13.545$. En el caso de 3 aciertos, $C_6^3 \cdot C_{43}^3 = 246.820$. Así, las posibilidades de acertar son:

Un boleto de lotería primitiva.

5 + C:	$p = 6/13.983.816 = 1/2.330.636$.
5	$p = 252/13.983.816 \approx 1/55.491$.
4	$p = 13.545/13.983.816 \approx 1/1.032$.
3	$p = 246.820/13.983.816 \approx 1/57$.

Sumando todas ellas, tenemos que la probabilidad de premio es del 1,86%. Como puede observarse, son todas cantidades muy pequeñas. Si se es constante es fácil que, como el año tiene 52 semanas, una vez al año más o menos (si se juega un solo día o dos si se apuesta los dos días en que hay sorteo) se tenga un boleto con

CUÁNTOS NÚMEROS HAY QUE ELEGIR

¿Por qué en España es 6/49 y en Suiza 6/45? Tiene que ver con el número de habitantes del territorio al que va destinado, para evaluar el número de posibles jugadores y, por tanto, la posibilidad de que haya aciertos de los premios importantes. Se verá mejor con un caso real. En Cataluña, con unos 7 millones de habitantes, se puede jugar a la Lotto 6/49, pero, como el número de posibles apuestas es de casi 14 millones, con demasiada frecuencia no hay acertantes de 6 ni de 5 más el complementario. Así, en los diez sorteos seguidos del 19 de septiembre al 21 de octubre de 2009, en ocho de ellos no hubo ningún acertante de 6 ni de 5+C. Sólo en el sorteo del 7 de octubre hubo un acertante de cada categoría: el de 6 ganó 2.453.000 €, y el de 5+C, 50.643 €. En el sorteo del 14 de octubre no hubo ningún acertante de 6 y sólo uno de 5+C, que ganó 11.600 €. Un juego que basa su atractivo en premios muy importantes pierde así gran parte del mismo. En cambio, esta lotería sí es apropiada para toda España, porque al aumentar la población a la que va dirigida aumenta el número promedio de jugadores.

Desde el año 2004 disputa la popularidad con las primitivas de cada país otra modalidad de apuesta todavía más complicada, el Euromillones, que tiene lugar de manera conjunta en varios países europeos. Hay que elegir un grupo de cinco números del 1 al 50 y dos estrellas numeradas del 1 al 9. Luego el número de apuestas diferentes que se pueden hacer, por un razonamiento como los anteriores, es:

$$C_{50}^{5} \cdot C_{9}^{2} = \binom{50}{5} \cdot \binom{9}{2} = \frac{50 \cdot 49 \cdot 48 \cdot 47 \cdot 46}{5!} \cdot \frac{9 \cdot 8}{2!} = 2.118.760 \cdot 36 = 76.275.360.$$

Las apuestas posibles superan las de la Primitiva en más de cinco veces, luego la probabilidad de tener acierto pleno es cinco veces menor; eso sí, los posibles premios son cuantiosos.

tres aciertos. El resto de las probabilidades son tan pequeñas que no cabe esperar premios mayores con demasiada frecuencia, e incluso para el de 4 aciertos habría que esperar algunos años.

El atractivo de las primitivas y la «apuesta de Pascal»

¿Cuál es la razón de la popularidad de las loterías primitivas? Que de forma inconsciente se hace un razonamiento similar al de la apuesta de Pascal. La esperanza matemática es la misma que en muchas otras loterías, pues depende del porcentaje de la recaudación que se dedica a premios. Lo que pasa es que los premios se reparten de otra forma y pueden llegar a ser muchísimo más grandes. Hay muy poca probabilidad de acertar un premio importante, pero si esto ocurre, seremos ricos de verdad de la noche a la mañana. La decisión social es que vale la pena arriesgarse, ¡por eso se juega!

Capítulo 6

Las ventajas de ser «normal»

Grandes números

Cuando al lanzar un dado le preguntamos a alguien cuál es la probabilidad de obtener un cuatro, es bastante posible que nos responda que es de 1/6, aunque al hacerlo no tenga una idea muy clara de lo que significa la probabilidad, salvo que haya leído los capítulos previos de este libro. Por eso puede ser interesante preguntarle qué entiende al decir que la probabilidad es de «un sexto». Incluso si no ha sido capaz de respondernos a la primera cuestión y le decimos que la probabilidad es de 1/6, esta segunda pregunta sigue teniendo sentido.

Las respuestas a esta segunda cuestión pueden variar considerablemente según los conocimientos de quien responda e incluso según sus aficiones. Así, podemos encontrarnos con frecuencia estas tres respuestas:

1. El dado tiene seis caras y puede salir cualquiera de ellas.
2. Si lanzamos el dado muchas veces, aproximadamente un sexto de las veces saldrá el cuatro.
3. Si apostamos en un juego de ganar o perder que salga o no el cuatro, las apuestas deberán ser 5 a 1 a favor de obtener un cuatro.

La primera de las respuestas puede responder a nuestra intuición y no requiere especiales conocimientos matemáticos. Por el contrario, la tercera de las respuestas será perfectamente asumible por personas habituadas a apostar en diversos juegos y puede responder más a sus experiencias como jugadores que a sus conocimientos probabilísticos. La variedad de juegos es tan grande y la afición por los mismos está tan extendida que muchas personas defenderán con verdadero ardor esa respuesta como la más razonable.

Lo que podemos comprobar sin demasiada dificultad es que para un gran número de personas con escasos o nulos conocimientos probabilísticos la segunda de las respuestas es la que menos defensores tiene. ¡Y sin embargo es la que se puede demostrar matemáticamente!

Unos segundos de reflexión nos permiten concluir que esa afirmación es más compleja de lo que puede parecer al principio y encierra conceptos matemáticos bastante sutiles. De hecho, cualquiera puede razonar que, en términos absolutos, esa afirmación no se cumplirá por muchas veces que lancemos el dado si lo hacemos un número de veces que no es múltiplo de seis. Entonces, ¿qué es lo que realmente afirma la segunda respuesta?

Pues afirma que si lanzamos indefinidamente, o al menos un gran, gran, gran número de veces un dado, la proporción de veces que aparecerá un cuatro (o cualquier otro de los seis números posibles) se aproximará, tanto como queramos, a 1/6. Este tipo de resultados se denominan en probabilidad *leyes de grandes números* (ahora está más claro de dónde procede el nombre de las leyes). Recordemos también la idea de regularidad estadística que apareció en el capítulo 4. Si todavía nos mantenemos escépticos ante la veracidad de estas leyes, veamos otra situación que puede ayudarnos a despejar nuestras dudas.

La ruleta es uno de los juegos más conocidos, tanto dentro de los casinos como fuera de ellos. Es, posiblemente, uno de los más practicados en todo el mundo todos los días, y los premios pueden ascender a cantidades importantes.

En esencia, la ruleta europea es un cilindro en cuyo interior hay un disco giratorio dividido en 37 casillas, alternativamente rojas y negras, y numeradas del 1 al 36 más el 0, que está en una casilla de distinto color (verde, por ejemplo) y que debe mantener un delicado y fino equilibrio entre todas las posiciones en que están colocados cada uno de los números. El objetivo del juego es acertar en qué número o color del disco giratorio caerá la bola que lanza el crupier. Existen variantes de este modelo de ruleta, como la ruleta americana, que también tiene el «doble cero» e incluye algunas ligeras variantes en cuanto a las apuestas y premios. Aquí nos referiremos a la ruleta europea.

Primero se establecen las apuestas, luego se hace girar fuertemente la rueda y, a continuación, la bola es lanzada por el crupier sobre la parte exterior de la rueda, donde se mantiene dando vueltas. Cuando la rueda pierde la velocidad suficiente, la bola cae sobre las ranuras, donde se mantiene rebotando de un número a otro hasta quedar finalmente en una de las 37 ranuras.

La «magia» del movimiento de la rueda ha impactado a la humanidad casi desde sus inicios. La aparente quietud del centro, junto con el aumento de velocidad conforme nos alejamos de él y la incertidumbre sobre el punto en el que se detendrá han sido la causa de los múltiples juegos que tienen la rueda como base, como, por ejemplo, la ruleta.

Según todos los indicios, la creación de una ruleta y sus normas de juego, muy similares a las que conocemos hoy, se debe a Pascal, quien ideó una ruleta con 36 números (sin el cero). Parece que la elección de 36 números la vincula aún más a la magia, porque la suma de estos primeros 36 números da como resultado el número mágico por excelencia: $1+2+3+4+\ldots+33+34+35+36=666$. La elección del número 36 también obedece a que éste cuenta con muchos divisores.

Aunque hay muchas formas de apostar en la ruleta, para simplificar la presentación supondremos que un jugador juega sólo a par/impar, rojo/negro o pasa/falta (pasa es apostar a los números del 19 al 36, y falta, del 1 al 18). Por cada euro apostado, el jugador recibe, si gana, ese euro y otro más. ¿Cuál es la probabilidad de ganar ese euro adicional y cuál, la de perder el euro apostado?

Es importante señalar que el número 0 no tiene color ni se considera, a efectos del juego, par ni impar, ni entra en la apuesta de pasa/falta. Luego la probabilidad de ganar en cualquiera de esas apuestas es 18/37, y la de perder, 19/37. El casino tiene una probabilidad de 1/37 a su favor (un 2,70%). Dado que nuestra ganancia es positiva de un euro con una probabilidad de 18/37 y negativa de un euro con probabilidad de 19/37, la esperanza matemática o ganancia media de cada jugada es:

$$(+1)\cdot\frac{18}{37}+(-1)\cdot\frac{19}{37}=\frac{(-1)}{37}=-0{,}027 \text{ €},$$

es decir, en cada jugada perderemos un promedio de 2,7 céntimos de euro.

Esta situación es la misma que si apostamos a un único número, ya que, en ese caso, la probabilidad de ganar es de 1/37, la de perder, de 36/37, y si apostamos un euro y ganamos, recibimos 1+35 euros. La ganancia media es también:

$$35\cdot\frac{1}{37}+(-1)\cdot\frac{36}{37}=\frac{(-1)}{37}=-0{,}027 \text{ €}.$$

Así pues, seguimos con nuestras apuestas sencillas a rojo o negro.

Supongamos ahora que jugamos cien partidas, apostando a rojo o negro un euro en cada una de ellas. ¿Al finalizar las partidas habremos perdido $100\cdot 0{,}027=2{,}7$ €? Si algo está claro es que no habremos perdido ni ganado cantidades no enteras. Pero ¿estaremos más cerca de perder esa cantidad o más cerca de haber ganado, por ejemplo, 50 €? Estas cuestiones son del mismo tipo que plantearse si en un gran número de tiradas de un dado aparecerá un cuatro un sexto de las veces.

Podemos pensar en otras situaciones en las que las preguntas son similares. Cuando se afirma que un fármaco tiene una eficacia de un 80%, ¿quiere eso decir que si se aplica a un gran número de pacientes les será útil sólo a un 80% de ellos? Si el fármaco tiene efectos secundarios en un 1% de los casos, ¿significa que esos efectos pueden afectar al 1% de los pacientes tratados con él? La respuesta a estas cuestiones la dan las leyes de grandes números que analizamos a continuación.

Volvamos a nuestras preguntas sobre ruletas, dados o cualquier situación en la que puedan asignarse probabilidades a la ocurrencia de ciertos sucesos o resultados. Hay dos tipos de preguntas relacionadas con la idea de probabilidad. Por una parte, podemos pensar: *¿Se van a reflejar y cómo lo harán las probabilidades de los sucesos en los resultados que obtengamos?* Por otra, podríamos proponer el problema inverso: *A la vista de los resultados observados, ¿podemos inferir sus probabilidades asociadas?*

Esas dos cuestiones son de naturaleza distinta, ya que el razonamiento que se sigue es inverso. En el primer caso, a partir de las probabilidades asignadas, queremos deducir los resultados que obtendremos, mientras que en el segundo, a partir de las observaciones queremos inferir las probabilidades que controlan el fenómeno. Este segundo planteamiento es el que sigue la estadística y sobre él volveremos más adelante. Por el momento nos centraremos en el primer problema e intentaremos responder a las preguntas que nos hicimos al comienzo del capítulo.

Teorema de oro de Bernoulli

Comencemos a lanzar un dado muchas veces. Al lanzar 300 veces, ¿obtendremos 50 cuatros? ¿Qué ocurrirá si lo lanzamos 3.000 veces? El lector puede pensar que nadie en su sano juicio se dedica a lanzar miles de veces un dado e ir anotando sus resultados. Y si se le cuenta que algún matemático lo ha hecho, puede servir para corroborar la idea popular de que suelen estar un poco «tocados del ala». Pero la única manera de comprobar resultados previstos por la teoría es haciendo experimentos, también en matemáticas, lo que las sitúa más próximas a las ciencias experimentales de lo que se suele pensar. Eso es lo que hizo el naturalista francés Georges Louis Leclerc, conde de Buffon (1707-1788), que lanzó una moneda 4.040 veces y obtuvo 2.048 caras, es decir, una proporción de 2.048/4.040 = 0,5069 o, en términos de porcentajes, un 50,69% de caras.

También pueden darse circunstancias especiales en las que no haya muchas cosas interesantes que hacer y es conveniente encontrar tareas que tengan ocupado el cerebro, para contribuir al equilibrio emocional. Eso le pasó al matemático sudafricano John Kerrich, que fue apresado durante la Segunda Guerra Mundial y en la cárcel se «entretuvo» lanzando una moneda 10.000 veces, obteniendo 5.067 caras:

una proporción de 5.067/10.000 = 0,5067 (50,67%). En varios momentos del proceso el porcentaje de caras se alejaba del 50% esperado, pero al ir aumentando los lanzamientos, éste se iba aproximando a dicho valor. En los 10 primeros lanzamientos sólo obtuvo cuatro caras (un 40%), y en los 10 siguientes, seis caras, con lo que en 20 lanzamientos tenía exactamente diez caras, ¡¡un 50%!! Después de 100 lanzamientos, la proporción era de sólo un 44%, que con 200 subió a un 50,2%, hasta alcanzar finalmente, en los 10.000 lanzamientos, 5.067 caras, un 50,67%, valor cercano al esperado 50% de caras.

MUCHO MÁS FÁCIL

Hoy, por suerte, la modelización por ordenador permite repetir experimentos de este tipo con facilidad tantas veces como se quiera. Por ejemplo, para tirar una moneda y ver el número de caras o cruces (escudos), y las series mayores de caras o cruces puede irse a la dirección http://nlvm.usu.edu/es/nav/frames_asid_305_g_3_t_5.html?from=topic_t_5.html, un manipulador virtual de la Universidad Estatal de Utah, donde también hay modelos para otras situaciones.

Jakob Bernoulli (1654-1705) dedicó varias décadas a estudiar el problema y consiguió demostrar matemáticamente que el porcentaje de caras que se obtendría al lanzar una moneda indefinidamente se acercaba, sin ninguna duda, al 50%. En el caso del dado, su teorema demuestra que la proporción de obtenciones de un cuatro se acerca a 1/6. Bernoulli llamó a su resultado «teorema de oro», pero las versiones actuales del resultado se conocen como «leyes de grandes números», leyes débiles y leyes fuertes. El apelativo de «grandes números» se refiere al hecho de que las conclusiones son ciertas cuando repetimos el experimento indefinidamente. Pero es obvio que no vamos a poder repetir el proceso por siempre, ni siquiera con ayuda de un ordenador por potente que sea. Lo podremos hacer muchísimas veces, pero siempre será un número finito. Entonces, ¿qué quiere decir la conclusión? O mejor aún, ¿de qué sirve una conclusión que nunca podremos comprobar?

Aparece aquí el importante concepto matemático de límite, porque lo que afirman las leyes de grandes números es que la proporción de veces que obtendremos cara se acerca, a medida que aumentamos el número de lanzamientos de la moneda (o el dado en la otra situación), a la probabilidad que aceptamos que tiene el resultado, 1/2 en el caso de la obtención de cara o 1/6 en el caso de la obtención de un cuatro.

Este sello suizo está dedicado a Jakob Bernoulli y sus leyes de grandes números. Bernoulli escogió para su epitafio (izquierda) la figura de la espiral logarítmica, así como el emblema en latín Eadem mutata resurgo *(«Mutante y permanente, vuelvo a resurgir siendo el mismo»), que aparecen en la parte inferior. Sin embargo, la espiral que tallaron los maestros canteros en su tumba fue una espiral de Arquímedes (foto: Wladyslaw Sojka).*

La ley de grandes números es una regla que cualquier persona conoce mediante cierto instinto natural y sin instrucción previa. Podría decirse que viene con nosotros en el código genético (coexistiendo, eso sí, con la falsa ley de los pequeños números, que vimos en el capítulo 3).

Para encontrar el «teorema de oro» en su versión original, Bernoulli concibió una caja en la que tenía 5.000 bolas idénticas, 3.000 blancas y 2.000 negras. Procederemos de la siguiente manera: extraemos una bola, anotamos su color y la devolvemos a la urna (para no alterar su composición original); volvemos a extraer otra bola y repetimos el proceso muchas veces (es el procedimiento llamado «extracciones con reemplazamiento»). Está claro que las posibilidades de extraer una bola blanca cada vez son 3 entre 5, un 60%. La pregunta que se planteó Bernoulli fue: ¿Con qué exactitud será del 60% y con qué probabilidad se dará tal exactitud?

A primera vista parece un juego de palabras difícil de comprender, pero prosigamos para vislumbrar la profundidad del problema que se propuso Bernoulli. Si extraemos 200 bolas de la urna con bolas blancas y negras, podemos obtener 120 bolas blancas (60%), o 100 (50%), o 125 (62,5%). Pero ¿qué posibilidades tenemos de que el porcentaje de bolas blancas esté entre un 55% y un 65%? Si queremos ser más precisos, nos plantearemos las posibilidades de obtener un porcentaje de bolas blancas cercano al 60%, por ejemplo, entre el 59% y el 61%. Una última cuestión adicional, pero no menos importante: ¿aumentarán nuestras posibilidades si en vez de extraer 200 bolas extraemos un millón?

Este tipo de cuestiones, que fueron el objeto del trabajo de Bernoulli, contienen dos tipos de error o incertidumbre que debemos precisar. Por un lado, la desviación del porcentaje real de bolas que estamos dispuestos a admitir; por ejemplo, que el porcentaje obtenido esté entre el 59% y el 61%. Por otra parte, nunca podremos asegurar con total exactitud que nuestro porcentaje esté entre esos márgenes, pero si podríamos desear que lo estuviera en muchas de las repeticiones que hiciésemos del experimento, es decir, que ocurriese eso con una precisión del 95%, es decir, en un 95% de las veces que repitiésemos el experimento de extracción de las 200 bolas (¡o del millón de bolas!). ¡Parece que no nos importa el tiempo que necesitemos para tanta repetición!

Pues bien, resulta que es imposible prefijar de antemano ambos errores. Lo que Bernoulli demostró es que si repetimos el experimento el número de veces suficiente, es decir, extraemos las suficientes bolas, es posible conseguir que el porcentaje de

TEOREMA DE BERNOULLI

Supongamos que, como resultado de un experimento, podemos obtener un cierto suceso que llamamos *A*, cuya probabilidad de ocurrencia es *p*. Repetimos sucesivamente el experimento *n* veces y anotamos cuántas de ellas aparece el resultado *A*. Si el suceso *A* ha aparecido *m* veces, el cociente *m/n* representa la proporción de veces que ha aparecido *A* (frecuencia relativa de aparición de *A*). La diferencia, en términos absolutos, entre la probabilidad *p* y la frecuencia relativa *m/n* mide el error que cometeríamos si usásemos la frecuencia relativa como aproximación de la verdadera probabilidad.

Bernoulli demostró que la probabilidad de esa diferencia puede hacerse tan pequeña como queramos repitiendo el experimento las veces suficientes, es decir, que la probabilidad de esa diferencia tiende a cero al aumentar *n*.

En términos matemáticos eso se expresa diciendo que si ε es un número positivo tan pequeño como queramos, se verifica que:

$$\lim_{n\to\infty} p\left(\left|\frac{m}{n}-p\right|>\varepsilon\right)=0.$$

bolas blancas se acerque al 60% tanto como se desee. La expresión «se acerque... tanto» puede oscilar entre un 59% y un 61%, o entre un 59,9999% y un 60,0001%, es decir, tanto como uno quiera. Además, el teorema de oro proporciona una fórmula para el número de repeticiones necesarias para conseguir esa cercanía.

El teorema de Bernoulli tiene dos partes diferenciadas. Una, quizá la más importante, es que es posible alcanzar la precisión deseada con algún número (finito) de pruebas. La segunda proporciona el número de pruebas necesarias para alcanzar dicha precisión. Es esta segunda parte la que tiene una aplicación práctica real. En cualquier estudio que se realice con encuestas se puede fijar el nivel de error que se está dispuesto a aceptar y determinar el número de cuestionarios que deben completarse para respetar dicho error con una precisión deseada. Supongamos, por simplicidad, que conocemos el apoyo ciudadano que un cargo público tiene en su ciudad y se desea conocer la precisión con que, al preguntar a cierto número de ciudadanos, el porcentaje obtenido se desviará del teórico una desviación prefijada. Usando el teorema de oro de Bernoulli podemos determinar el número de personas a las que debemos preguntar.

Los resultados de Bernoulli no resultaron tan prácticos como hubiese deseado porque sus cálculos incluyen un gran número de aproximaciones que provocan que el número de cuestionarios sea excesivamente grande. Hay que decir que estamos hablando de un resultado de finales del siglo XVII, establecido con las herramientas entonces disponibles. También influye la precisión que fijemos y Bernoulli siempre trabajó con lo que él llamaba «certeza moral», que significaba una precisión del 99,9%.

Las leyes de grandes números en sus versiones modernas han mejorado la estimación acerca del número de pruebas necesarias. A pesar de ello, incluso con los resultados probabilísticos actuales, si exigimos una precisión excesiva, de un 99,9999%, por ejemplo, y una desviación pequeña con respecto al porcentaje esperado, ¡deberemos preguntar a más personas de las que viven en la ciudad! En todo caso, es evidente que nunca se debe trabajar ni con un error excesivo ni con una precisión exagerada.

Jakob Bernoulli tenía 50 años cuando murió sin haber terminado el manuscrito que incluía su teorema. Los editores intentaron que su hermano Johann lo finalizara, y ante su negativa y la de su sobrino Nicholas, el trabajo permaneció ocho años inédito y, finalmente, fue publicado en 1713 como *Ars Conjectandi*. Incluso hoy sigue siendo una lectura interesante. Bernoulli demostró cómo, a través del cálculo, se podía profundizar en el conocimiento de la probabilidad.

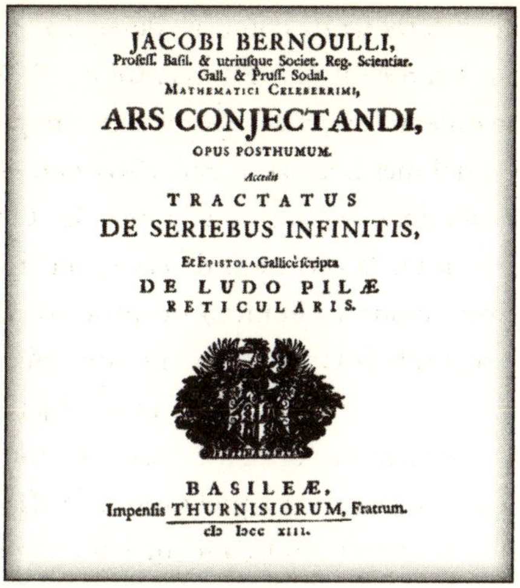
JACOBI BERNOULLI,
Profeſſ. Baſil. & utriuſque Societ. Reg. Scientiar. Gall. & Pruſſ. Sodal.
MATHEMATICI CELEBERRIMI,
ARS CONJECTANDI,
OPUS POSTHUMUM.
Accedit
TRACTATUS
DE SERIEBUS INFINITIS,
Et EPISTOLA Gallicè ſcripta
DE LUDO PILÆ
RETICULARIS.

BASILEÆ,
Impenſis THURNISIORUM, Fratrum.
CIↃ IↃCC XIII.

Portada de Ars Conjectandi, *la obra inacabada de Jakob Bernoulli.*

El interés, la profundidad y la belleza del problema propuesto y resuelto por Bernoulli es de tal magnitud que cualquier sucesión de experimentos que se repiten en las mismas condiciones y de forma independiente, y en los que se pueden dar dos resultados posibles, como la urna de 5.000 bolas, se denominan en la probabilidad moderna «pruebas o ensayos de Bernoulli».

¡No hay mal que cien años dure! ¿O sí?

Las leyes de grandes números confirman que, si observamos la ocurrencia de un suceso cuya probabilidad es p, la frecuencia se acerca a p a medida que aumentamos las observaciones. ¿Esto quiere decir que si nos encontramos con una racha de observaciones en las que la frecuencia esté muy por debajo del valor predicho, tendrá que aparecer, en algún momento, otra racha de resultados que nos acerquen a la frecuencia esperada (lo mismo si una racha sobrevalora la frecuencia)? O si participamos en un juego en el que la probabilidad de ganar es cercana a 1/2 y perdemos un gran número de partidas, ¿lo ideal será seguir jugando porque deberá aparecer una racha que nos favorezca para que el número de partidas ganadas sea coherente con nuestra probabilidad de ganar? Es decir, ¡no hay mal que cien años dure!, y en algún momento deberemos empezar a ganar.

Pensemos en un juego en el casino cuyos únicos jugadores son la banca y usted. Un jugador está merodeando y observa cómo va acumulando partidas perdidas. Si el observador tiene conocimientos matemáticos parece razonable que cuando vea que hemos perdido muchas veces decida participar apostando de nuestro lado. Y, sin embargo, no se decide a apostar. ¿Es lógico su comportamiento? Las leyes de grandes números no afirman que las ocurrencias del suceso se vayan equilibrando en pequeñas rachas, sino que lo hacen en una grandísima serie de repeticiones. No hay nada que nos permita afirmar que a una racha de pérdidas seguirá otra de ganancias o viceversa. Las leyes se cumplen cuando la frecuencia está muy cerca del límite de la sucesión de frecuencias, pero no tiene por qué cumplirse con cualquier número finito de observaciones. En otras palabras, el azar no tiene memoria. Lo podemos comprobar fácilmente. Hagamos que 40 personas lancen una moneda 50 veces y que anoten los resultados. En cada una de las 40 series las caras y las cruces no se distribuyen de manera uniforme ni hay rachas que equilibren las frecuencias. Pero agrupando los 2.000 lanzamientos, la frecuencia de cara (o cruz) se encuentra cercana a 1/2.

A pesar de lo anterior es posible que hayamos visto a alguien jugar en una máquina tragaperras que no haya parado hasta sacar un gran premio. ¿Contradice lo que hemos dicho? El jugador ha arriesgado perder varias partidas porque esperaba que su suerte cambiara. Es fácil incluso que haya observado la máquina viendo que otros jugadores perdían antes de decidirse a jugar él. Al contrario que el «ojeador» del casino, ha decidido participar cuando ha pensado que el premio estaba «al caer». En estos juegos, aunque los resultados de cada jugada sean aleatorios, las máquinas están obligadas por ley a devolver en premios una parte de lo jugado (por ejemplo, un 70%) en un máximo de jugadas consecutivas, que suele ser grande (por ejemplo, 40.000). Lo que pasa es que se programan para que no den todos los premios gordos hacia el final de la racha, sino que los van distribuyendo para cumplir el requisito legal. Cada cierto número de jugadas, no siempre el mismo, las máquinas dan el gordo. Si añadimos que los resultados tienen un control informático, no son completamente aleatorios, se entiende que haya «vigilantes» a la caza del premio.

Unas palabras sobre estadística

Pensemos ahora que repetimos un experimento para observar la aparición de un suceso cuya probabilidad desconocemos. Repetimos el experimento muchas veces y observamos la ocurrencia del suceso. ¿La frecuencia relativa del suceso será una aproximación adecuada de la probabilidad desconocida? Incluso si creemos conocer la probabilidad a priori y repetimos el experimento muchas veces, la frecuencia relativa de aparición del suceso nos podría hacer variar la probabilidad a priori.

Esta aproximación en la que recogemos información a través de los resultados de experimentos y a partir de ellos intentamos sacar conclusiones sobre la probabilidad de un suceso u otras características del experimento es el objeto de la estadística. La probabilidad hace un razonamiento deductivo; la estadística utiliza un razonamiento inductivo o inferencial. La probabilidad asume como cierto un modelo probabilístico y, a partir de él obtiene conclusiones sobre los resultados que producirá un experimento. La estadística puede presuponer un modelo para el experimento, pero desconociendo sus características se dedica a observar los resultados y, a partir de ellos, a través de un proceso inferencial, obtiene las características del experimento, como la probabilidad de que ocurra un suceso.

En ambos procesos los resultados están sometidos a cierto error que tanto la estadística como la probabilidad son capaces de cuantificar, cada una con sus reglas, y en las que suelen jugar un papel fundamental las leyes de grandes números u otros resultados como el teorema del límite central, que veremos a continuación.

En el ejemplo de la urna Bernoulli, conocida su composición podemos determinar la probabilidad (o una acotación de ella) de que al realizar n extracciones con reemplazamiento, la proporción de blancas sea tan cercana a 3/5 como deseemos. También podemos determinar el número de extracciones que debemos hacer para que la probabilidad de que la discrepancia entre frecuencia relativa y 3/5 esté dentro de ciertos límites (por pequeños que sean), sea tan próxima a 1 como queramos. Es la *aproximación probabilística.*

Pero puede ocurrir que sólo sepamos que en la urna hay bolas blancas y negras, pero no cuántas ni en qué proporción. Empezamos a extraer bolas anotando su color y devolviéndolas a la urna. A partir de la frecuencia relativa observada de blancas y negras podemos inferir cuál es la proporción en la urna con cierto error o tolerancia. Más concretamente, se puede determinar la probabilidad de que la proporción esté entre ciertos límites. Es la *aproximación estadística.*

Esta última es la base de las encuestas que tan comunes son en nuestra sociedad. Para conocer las preferencias a favor de un candidato a alcalde preguntamos a muchas personas (extraemos bolas), anotamos sus respuesta (color) e inferimos con cierto nivel de confianza (probabilidad) el porcentaje de apoyo popular (porcentaje de bolas blancas) que tiene ese candidato (urna), con un cierto error (discrepancia). Parece sorprendente, pero con un nivel de confianza o probabilidad tan cercano a uno como 0,955 es posible dar una estimación del apoyo popular de un candidato con un error inferior al 3% (es decir, nos podríamos equivocar como máximo en un 3%) preguntando a tan sólo 1.000 personas. Si sólo preguntamos a 900, el error aumentará hasta un 3,3%. Una forma aproximada de determinar el error en una encuesta con el nivel de confianza mencionado es calcular $\frac{1}{\sqrt{n}}$, donde n es el número de encuestas.

La curva de Gauss y la normalidad

Decía sir Francis Galton (1822-1911): «Cuanto más grande es el número y mayor la anarquía aparente, más perfecto es su dominio. Es la ley suprema de la sinrazón. Siempre que se toma una gran muestra de elementos caóticos y se ordenan de acuerdo a su magnitud, aparece una insospechada y maravillosa forma de regularidad, latente bajo ello».

Bernoulli estaba preocupado por demostrar que la probabilidad de que la discrepancia entre frecuencia relativa y probabilidad sea tan pequeña como se quiera, se aproxima a uno. Pero nunca se interesó por evaluar con exactitud esa probabilidad, algo que proporciona la distribución normal y el teorema central del límite.

La curva normal

Abraham de Moivre (1667-1754) se propuso calcular la suma de los términos que aparecen en el binomio de Newton $(a+b)^n$, siendo n un número natural grande. Ligó esa cuestión a la probabilidad de un suceso, siendo n el número de repeticiones del experimento que origina el suceso. Comenzó estudiando el caso $(1+1)^n$, asociado a un experimento con sólo dos resultados posibles que son igualmente probables. De Moivre quería calcular la probabilidad de que en n repeticiones del experimento el suceso de interés (que es igual de probable que su contrario) apareciera un número de veces que estuviera en torno a $n/2$. Comprobó que una buena aproximación de esa probabilidad se obtenía con ayuda de la integral

$$\frac{2}{\sqrt{2\pi n}} \int_0^1 e^{-\frac{1}{2n}x^2},$$

donde se reconoce lo que hoy se llama *distribución normal.*

La distribución gaussiana o normal es una distribución de probabilidad que viene determinada por la función de densidad (el equivalente continuo de la función de probabilidad de las variables discretas):

$$f(x)=\frac{1}{\sigma\sqrt{2\pi}}e^{-\frac{1}{2}\frac{(x-\mu)^2}{\sigma^2}},$$

donde μ y σ^2 son los dos parámetros que la definen, su media y su varianza, y cuya gráfica, popularmente denominada campana de Gauss, es la siguiente:

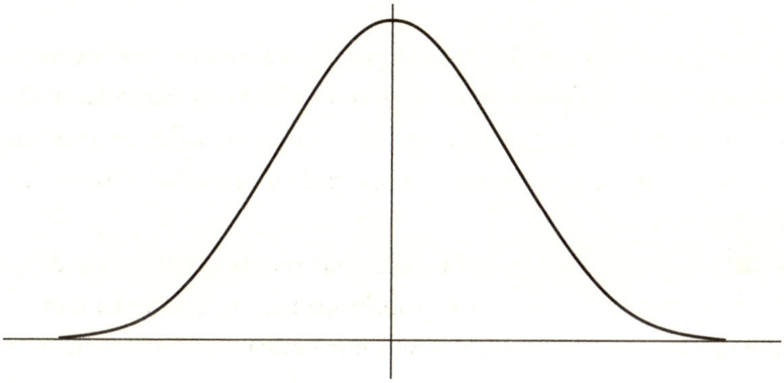

Laplace afinaría el resultado de De Moivre probando que: dado un experimento en el que puede aparecer un suceso E con probabilidad p o su complementario (con probabilidad $1-p$); cuando repetimos el experimento, en idénticas condiciones, n veces, y se producen m ocurrencias del suceso E, la probabilidad de que la diferencia entre m/n y p esté entre unos valores determinados, en concreto:

$$-\frac{t\sqrt{2p(1-p)}}{\sqrt{n}} \quad y \quad +\frac{t\sqrt{2p(1-p)}}{\sqrt{n}},$$

es, aproximadamente,

$$\frac{2}{\pi}\int_0^t e^{-x^2}\,dx+\frac{e^{-t^2}}{\sqrt{2\pi n}\sqrt{p(1-p)}}.$$

Este resultado es una primera versión de lo que hoy se conoce como *teorema central del límite*, y es clave para explicar el poder de predicción de buena parte de las herramientas estadísticas. Más allá de las fórmulas con que se expresa, lo que el teorema viene a decir es que dada una muestra lo bastante grande, las características de dicha muestra vendrán a reproducir las de la población de la que proceden, y esta última podrá, por consiguiente, estudiarse mediante métodos probabilístico-estadísticos.

Lo que pretendía De Moivre era sumar los términos de las filas del triángulo de Pascal que ocuparían lugares muy abajo en el triángulo (*n* grande). Hoy podemos pensar que ese cálculo se hace, con precisión y rapidez, con una calculadora o un ordenador no demasiado potente. Pero veamos que en la fila 200, por ejemplo, hay términos con 59 cifras (las calculadoras no sirven), y en el siglo XVIII las herramientas de cálculo no eran las actuales. El problema abordado por De Moivre era, como él mismo reconocía, muy duro. Las limitaciones del cálculo eran lo que había obligado a Bernoulli y a De Moivre a usar aproximaciones que se mejoraron con el desarrollo de nuevas técnicas y herramientas de cálculo.

Volvamos al triángulo de Pascal. Cojamos los números de una fila, como la quinta, y representemos en un gráfico cada número con una altura proporcional a su valor:

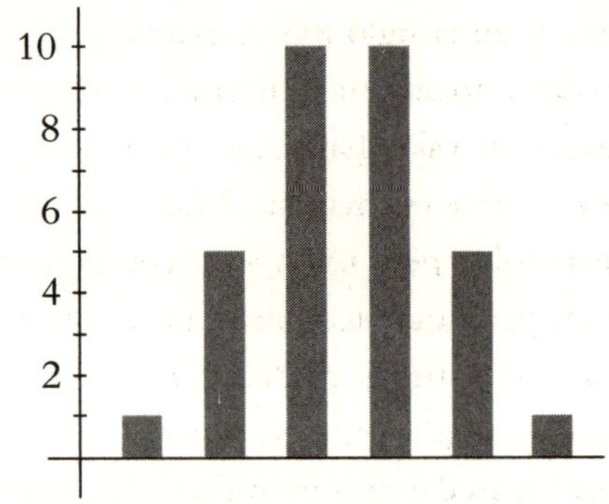

Si hacemos lo mismo con la línea 16 ya obtendremos la figura:

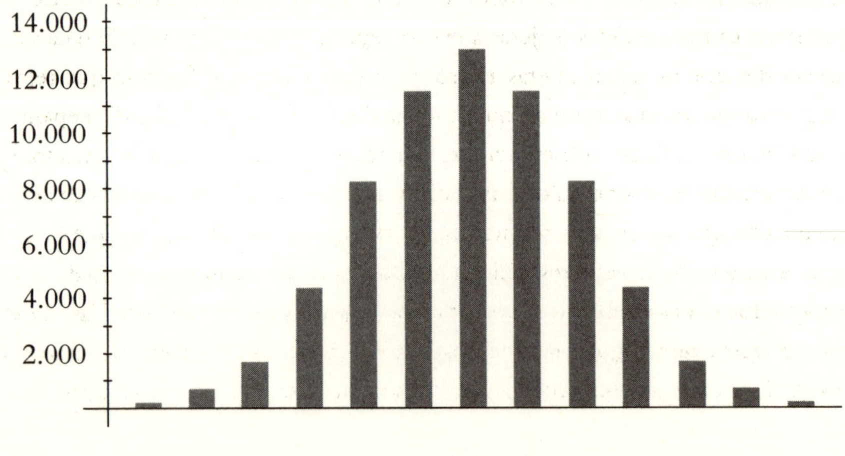

A medida que descendemos en el triángulo de Pascal, las figuras siguientes se van aproximando a la forma de la curva normal. En otras palabras, la suma de esos coeficientes podrá aproximarse por la distribución normal, y ése fue el logro de De Moivre.

La ley de los errores

A lo largo de la historia, la observación de la bóveda celeste, los planetas, las estrellas o los cometas ha sido uno de los temas científicos que más ha captado la atención, porque la comprensión y el conocimiento del Sistema Solar (y de otros sistemas fuera del nuestro) se consideran necesarios para comprender nuestro planeta y la vida.

En el siglo XVIII, los científicos que trabajaban en física, matemáticas y mecánica celeste se enfrentaban de manera habitual al problema de las discrepancias en las observaciones. Parece que ya en el siglo XVI se extendió la práctica de tomar varias medidas de una cantidad desconocida en las mismas condiciones (o lo más parecidas posible) con el fin de tener un valor fiable. Así, había varias medidas y había que decidir sobre el verdadero valor de esa magnitud. Una posibilidad era tomar la media aritmética como el «mejor» valor, pero junto a esa aproximación, en el siglo XVIII se mantenía otra corriente de pensamiento que asignaba como verdadero valor el de una observación realizada con «especial cuidado». La controversia se mantuvo hasta que la distribución normal apareció como un modelo adecuado para los errores.

La distribución normal apareció con gran fuerza cuando Carl Friedrich Gauss (1777-1855) la consideró como la distribución adecuada para los errores en conexión con el método de mínimos cuadrados, desarrollado como método para ajustar medidas en astronomía. El método se basa en lo siguiente: un parámetro del que podemos tomar medidas (sujetas a error) repetidas veces depende de una serie de magnitudes que no están sujetas a error y se busca la mejor función que representa el parámetro, en el sentido de que la suma de los cuadrados de las discrepancias entre esa función y nuestras observaciones del parámetro sea mínima (los cuadrados se toman para dar el mismo valor a una discrepancia por defecto que por exceso).

Asumiendo que los errores seguían la ley normal, Gauss demostró que la función que minimizaba los errores aplicando el método de mínimos cuadrados es la función que hace más creíbles o verosímiles, en términos de probabilidad, las observaciones, es decir, que asigna máxima probabilidad a las observaciones. La distribución normal acababa de ser reconocida como una distribución importante en el estudio de los errores, y el método de mínimos cuadrados fue adoptado en astronomía y geodesia. Además, a partir de medidas astronómicas se constató la concordancia entre las observaciones y la ley normal.

La hipótesis de los errores elementales

Una vía para apoyar la ley normal como la ley de los errores vino de la teoría de los errores elementales. Consiste en asumir que cada error que se comete al hacer una observación o medición de un parámetro es, simplemente, la suma de un gran número de errores, debidos a diferentes fuentes independientes, cada uno de los cuales es pequeño en comparación con la suma de todos. Con este principio se demostró que la distribución del error total sigue la ley normal. Esto es lo que se conoce como *teorema central de límite.*

El principio de los errores elementales fue ampliamente aceptado a lo largo del siglo XIX. Numerosos científicos dedicaron sus esfuerzos a demostrar que bajo este supuesto la ley de probabilidad que rige el error total es la ley normal. Entre ellos destaca el alemán Friedrich Wilhelm Bessel (1784-1846), quien usó el método de mínimos cuadrados en múltiples aplicaciones y proporcionó evidencias empíricas en apoyo de la ley normal como ley de los errores, tal como había propuesto Gauss. Bessel introdujo la siguiente condición: «Un error de observación es la suma de un gran número de errores elementales, debidos a causas distintas y mutuamente independientes. Ningún error elemental excede de manera importante a los otros, y los errores positivos y negativos de la misma magnitud aparecen con la misma frecuencia. Además, las leyes que rigen los errores elementales no son necesariamente las mismas».

Hay dos aspectos importantes en la hipótesis de Bessel: ninguno de los errores es de importancia especial, y los errores positivos y negativos se reparten de manera simétrica.

Cuando un profesor debe calificar los trabajos de sus alumnos les asigna una nota numérica entre 0 y 10. Pero ¿es realmente capaz de explicar la diferencia entre una nota de 8,8 y otra de 8,9? Nos arriesgaremos a decir que no. Cuando califica está sometido a circunstancias que podrían originar errores. La percepción no es la misma cuando lee el quinto trabajo que cuando lee el cuadragésimo quinto: el cansancio se va acumulando; la forma de expresarse de los alumnos varía; el plazo para presentar las calificaciones puede hacer que el tiempo dedicado a la revisión de cada examen varíe mucho. Existen diversas causas que pueden influir en la calificación, igual a favor que en contra, ¡diversas fuentes de error elemental! Podría asumirse que la calificación numérica está sujeta a cierta variabilidad debida a la acumulación de las causas, sin que ello signifique que sea injusta. Quizás ése es el fundamento de cierta leyenda que dice que los profesores califican siguiendo la ley normal o ajustando sus calificaciones a ella. Es un ejemplo para ilustrar cómo el problema del error es un problema cotidiano y actual.

El teorema central del límite

El teorema central del límite (TCL) afirma que si una medida es el resultado de la suma de un gran número de factores (sometidos a error) que actúan independientemente y ninguno de los cuales domina la suma total, la ley de probabilidad de la suma total se distribuye siguiendo la ley normal, con independencia de la ley de probabilidad que controle los factores.

Analicemos alguna situación concreta para comprender lo que se encierra detrás de esa afirmación. Con respecto a esa moneda que hemos lanzado tantas veces, el TCL afirma que la proporción del número de caras obtenidas se acercará al 50%, a medida que aumenten los lanzamientos, y la probabilidad de que esa diferencia esté entre dos límites concretos se puede determinar a partir de la distribución normal. Por ejemplo, si lanzamos la moneda 100 veces, la probabilidad de que la proporción de caras esté entre el 48% y el 52% es de 0,3108; si la lanzamos 400 veces, será de 0,5762, y si la lanzamos 5.000 veces, aumenta a 0,9958; es decir, estamos muy seguros de que el porcentaje de caras estará entre esos valores mencionados. Dichas probabilidades se han determinado usando la distribución normal.

Otra situación aparece cuando un fabricante de barritas energéticas pone en los envases que cada una pesa 60 gramos. Unas veces el peso real excederá el declarado y otras, estará por debajo, pero los pesos seguirán la distribución normal y, razonablemente, el peso declarado en el envase será el peso medio, y la distribución normal nos permite determinar la probabilidad de que el peso de una barrita esté entre determinados límites: se verifica la normalidad probabilística.

Las dos situaciones anteriores nos permiten, además, destacar los dos aspectos que dieron lugar a la búsqueda de explicaciones matemáticas que originaron el TCL: la determinación de la probabilidad de que la media de los errores de observaciones (históricamente en astronomía y geodesia) estuviera entre determinados límites y el desarrollo y aceptación de la hipótesis de los errores elementales como principio básico para asumir que la distribución de los errores en un proceso de medida sigue la ley Normal.

Una formulación matemática, de una versión simple, del TCL afirma lo siguiente: «Si X_1, X_2,... son variables aleatorias (medidas) independientes y con la misma distribución, con un valor medio común finito μ, y cuyos cuadrados también tienen un valor medio finito; la probabilidad de que la suma $X_1+X_2+\ldots+X_n$ debidamente normalizada esté entre los valores a y b se aproxima, cuando n crece indefinidamente, por la curva normal». En términos matemáticos precisos, lo que se verifica es que:

$$\lim_{n\to\infty} P\left\{a \leq \frac{(X_1+X_2+\ldots+X_n)-n\mu}{\sigma\sqrt{n}} \leq b\right\} = \frac{1}{\sqrt{2\pi}}\int_a^b e^{-\frac{x^2}{2}}dx,$$

donde $\sigma^2 = E(X^2) - \mu^2$ es la denominada varianza.

El TCL se puede parafrasear diciendo que se verifica la normalidad probabilística, o que las variables satisfacen la normalidad probabilística. Es importante destacar que el TCL o la normalidad probabilística se verifican independientemente de la distribución que sigan las variables. En cierto modo, lo que el teorema afirma es que no podemos predecir el comportamiento individual de una variable o individuo, pero sí somos capaces de predecir el comportamiento promedio de la población.

El TCL proporcionó en su momento, y proporciona en la actualidad, un conocimiento más profundo del comportamiento de las observaciones y su relación con el mundo físico. Las mismas ideas han sido aplicadas para el estudio de características tanto físicas como sociales de poblaciones humanas y, para sorpresa de muchos, se ha constatado que, en bastantes casos, el comportamiento de las características de poblaciones humanas responde a lo previsto por el teorema central del límite.

El tablero de Galton

El tablero, ideado por Galton, es un dispositivo que permite comprobar experimentalmente la normalidad probabilística y el TCL. Se trata de un tablero vertical con una serie de clavos siguiendo el esquema del triángulo de Pascal. Debajo de un embudo por el que dejaremos caer bolas idénticas se coloca un clavo, y debajo de éste otros dos, uno a la derecha y otro a la izquierda. Por debajo de ellos se colocan a su vez otros clavos situados a la izquierda y a derecha de los situados en la fila superior, y así sucesivamente.

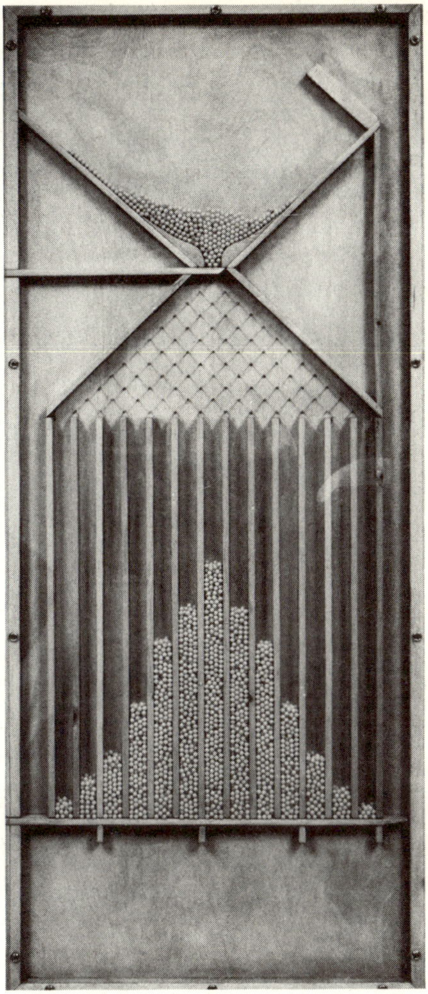

Cuando una bola va cayendo por los sucesivos niveles, golpea en algún clavo, que la dirige a la derecha o a la izquierda mientras continúa cayendo. Finalmente, las bolas son recogidas en unos compartimentos situados debajo de cada uno de los espacios situados bajo la última fila de clavos. Las bolas apiladas describen la curva normal.

La interpretación del proceso es la siguiente: al inicio, una bola representa el error que cometemos al medir una característica. Dicho error de medida (o variable aleatoria) sólo puede tomar dos valores (izquierda y derecha, defecto o exceso), con igualdad de probabilidades. El valor corresponde al desvío que provoca el clavo situado bajo el embudo cuando la bola golpea en él. Al avanzar a una fila inferior, lo que ocurre es que se produce un nuevo error que se acumula al anterior. Si pensamos que el avance de cada bola por una fila representa la acumulación de errores, el resultado final, que consiste en observar el lugar donde se almacena la bola, representa la suma de tantos errores como filas tenga el dispositivo. Si superponemos un triángulo de Pascal a este dispositivo, los números del triángulo nos indicarán el número de caminos que conducen a cada clavo.

Capítulo 7

Probabilidad en la sociedad

Tablas de vida

Las tablas de vida o de mortalidad (TDV) son una herramienta estadística que permite estudiar la incidencia de la mortalidad sobre diversas poblaciones en un periodo de tiempo. Una de sus aplicaciones más comunes son los seguros. Las primeras TDV se deben a John Graunt que, junto con William Petty, elaboró en la segunda mitad del siglo XVII las primeras estadísticas sobre población, lo que los convierte en precursores de la demografía moderna.

JOHN GRAUNT (1620-1674)

Era dueño de una mercería que le proporcionaba suficiente dinero para poder dedicarse a aficiones tan alejadas de su negocio como el estudio de la población de Londres. Las *Cuentas de mortalidad* eran registros que recogían desde el siglo XVI los bautizos y entierros (con edad y causa aparente de la muerte) de las diversas parroquias de Londres, que permitían a las autoridades seguir la pista de las epidemias que asolaban la ciudad. A partir de 1603, uno de los peores años de la peste, los registros se hacían semanalmente. Graunt estudió esos datos, organizó la información de la forma que hoy se denomina TDV y analizó distintos aspectos sociales de la población, como que, a diferencia de lo que ocurría en el campo, en la ciudad el número de entierros superase al de bautizos. Se habían iniciado los estudios de demografía. Graunt publicó en 1662 sus *Bills of Mortality* (su nombre completo es *Natural and Political Observations Mentioned in a Following Index, and Made Upon the Bills of Mortality*) que fueron recibidas con gran interés por la sociedad inglesa y que le valieron su ingreso en la Royal Society.

Tras estudiar los datos de mortalidad, Graunt tomó una cohorte de 100 personas y mostró cómo ese grupo inicial iba disminuyendo (debido a las muertes de sus integrantes) con el paso de los años:

En el momento de	**sobreviven**
La concepción	100
Al final del sexto año	64
Al final del año 16	40
Al final del año 26	25
Al final del año 36	16
Al final del año 46	10
Al final del año 56	6
Al final del año 66	3
Al final del año 76	1
Al final del año 86	0

Se observa que la mortalidad infantil en los seis primeros años era en el Londres del siglo XVII del 36%, y tan sólo el 1% superaba los 76 años.

Los únicos cambios sustanciales en las TDV actuales con respecto a la tabla de Graunt es que en aquéllas se usa el momento del nacimiento en lugar del de la concepción, el tamaño de la cohorte es distinto e incluyen más información. La idea puede aplicarse a diferentes situaciones o poblaciones, no sólo humanas. El objeto fundamental es estudiar la mortalidad o, en términos positivos, el tiempo promedio de vida restante o esperanza de vida de los individuos de una población.

Las TDV de poblaciones humanas se elaboran tanto a nivel nacional como a otros inferiores, agrupadas por criterios geográficos, etnográficos o administrativos. Su metodología de elaboración está recogida en los protocolos de la *Human Mortality Database* (HMD), pero, según la población estudiada, pueden ser necesarios ajustes.

Si al principio la característica fundamental de una TDV era la esperanza de vida, actualmente incluye diversas funciones biométricas que permiten el análisis de distintas características de la población relacionadas con la duración de la vida de los individuos. A continuación se describen las funciones biométricas básicas que se suelen incluir. Todas estas características se refieren a cada una de las edades incluidas en las tablas.

Esperanza de vida, EV(x)

La esperanza de vida indica el número medio de años, más allá de su edad actual x, que a un individuo le restan por vivir si las características de vida de la población permanecen constantes. La EV es un promedio basado en la experiencia de un grupo hipotético de personas de la misma población. La tecnología disponible permite que los datos para calcular ese promedio se actualicen cada año, a partir de los datos reales de mortalidad, con lo que se aumenta la fiabilidad de la información.

Probabilidad de muerte, q(x)

A pesar de su nombre, las tablas de vida suelen mostrar el número de muertes esperadas por cada 1.000 personas de la población, es decir, la probabilidad multiplicada por 1.000; por ello aparece esta cantidad identificada como «riesgo de muerte» más que como una probabilidad.

Defunciones teóricas, d(x)

Son el número de defunciones teóricas correspondientes a cada una de las edades de la tabla.

Supervivientes, L(x)

Denota el número de individuos de la población que llega con vida a una edad concreta.

Promedio de años vividos el último año de los que mueren con la edad cumplida x, m(x)

Es el tiempo promedio vivido tras cumplir la edad x por aquellos individuos de la población que mueren con dicha edad.

Población estacionaria a la edad x, PE(x)

Es el número total de años vividos por los individuos de la población con la edad cumplida x.

ALGUNAS FÓRMULAS

Entre toda esta maraña de números existen relaciones que sirven para comprender cómo se elaboran los cálculos. Hay algunas evidentes, como la que afirma que el número de supervivientes a la edad $x+1$ es igual al de supervivientes hasta la edad inmediatamente anterior menos el de defunciones teóricas a esa misma edad:

$$L(x+1)=L(x)-d(x).$$

Asimismo, es obvio que la probabilidad de muerte esperada a una edad x es igual a la proporción entre defunciones teóricas y supervivientes a esa edad:

$$q(x)=d(x)/L(x).$$

La esperanza de vida representa el número medio de años que le restaría por vivir a un individuo de edad x perteneciente a la cohorte inicial. Su valor resulta del cociente entre el tiempo total (en años) que les resta por vivir a los individuos de la cohorte a partir de cumplir x años de edad hasta su completa extinción y el número de supervivientes de la misma a la edad x. Es decir:

$$EV(x)=\Sigma_{y\geq x} L(y)/L(x).$$

Dado que cada persona que sobrevive a la edad x contribuye con un año al número total de años que forman la población estacionaria y, de media, cada uno de los que fallece con la edad x contribuye con $m(x)$ años, la población estacionaria se estima a través de la expresión:

$$PE(x)=L(x+1)+m(x)\cdot d(x).$$

Tablas de vida en España

A título de ejemplo se muestra parte de la TDV de los años 1991 y 2008 de la población española, sin distinción de sexos, que se refiere a una cohorte de 100.000 personas. Se muestran sólo las funciones biométricas correspondientes a los primeros años, a las decenas y a los últimos años. En las tablas, el riesgo de muerte expresa el número de muertes por cada mil personas, y los supervivientes denotan los individuos que llegan a la edad correspondiente por cada 100.000 personas. Además, el promedio de años vividos el último año de vida en el grupo de edad de 100 y más años corresponde al promedio de años vividos con 100 años cumplidos. Vamos a comparar estos datos del año 2008 con los correspondientes de 1991.

Año 2008 Ambos sexos	Esperanza de vida	Riesgo de muerte	Defunciones teóricas	Supervivientes	Promedio de años vividos el último año de vida	Población estacionaria
Edad	**EV(x)**	**q(x)**	**d(x)**	**L(x)**	**m(x)**	**PE(x)**
0	81,241026	3,465529	346,552939	100.000,000000	0,137237	99.701,007085
1	80,523071	0,304421	30,336627	99.653,447061	0,440764	99.636,481736
2	79,547457	0,145453	14,490482	99.623,110434	0,513622	99.616,062577
3	78,558955	0,129156	12,865094	99.608,619953	0,562170	99.602,987224
10	71,617435	0,074764	7,441380	99.531,332011	0,422968	99.527,038100
20	61,757984	0,382588	37,997440	99.316,952351	0,517152	99.298,605348
30	51,980293	0,447539	44,274141	98.928,107308	0,494027	98.905,705789
40	42,290481	1,154064	113,408522	98.268,813976	0,493815	98.211,408302
50	32,971282	3,121249	301,106291	96.469,799099	0,490568	96.316,406013
60	24,170848	6,846135	632,746012	92.423,825316	0,500213	92.107,586949
64	20,821734	8,686309	779,849021	89.779,097834	0,508596	89.395,876772
65	19,999726	9,334626	830,774669	88.999,248813	0,490080	88.575,620021
66	19,183557	8,982544	791,977173	88.168,474144	0,503076	87.774,921405
70	15,970797	14,674447	1.236,837873	84.285,144687	0,519073	83.690,315864
80	9,037833	46,184531	2.996,543216	64.881,966822	0,502567	63.391,386179
90	4,375735	148,716217	3.998,115689	26.884,194463	0,492627	24.855,657500
100	2,004780	1.000,000000	2.019,430719	2.019,430719	2,004780	4.048,513560

Año 1991 Ambos sexos	Esperanza de vida	Riesgo de muerte	Defunciones teóricas	Supervivientes	Promedio de años vividos el último año de vida	Población estacionaria
Edad	**EV(x)**	**q(x)**	**d(x)**	**L(x)**	**m(x)**	**PE(x)**
0	77,081728	7,203662	720,366150	100.000,000000	0,143286	99.382,85
1	76,639988	0,661279	65,651531	99.279,633850	0,456575	99.243,96
2	75,690400	0,402539	39,937448	99.213,982319	0,480805	99.193,25
3	74,720687	0,298234	29,577085	99.174,044870	0,471074	99.158,40
10	67,832377	0,221059	21,889151	99.019,491510	0,457712	99.007,62
60	21,561757	8,564080	759,484760	88.682,590420	0,506036	88.307,43
65	17,590282	13,629036	1.146,193043	84.099,350342	0,493264	83.518,53
70	13,907275	22,260000	1.720,168525	77.276,213859	0,50473	76.424,27
80	7,676978	66,739361	3.547,145111	53.149,221627	0,504951	51.393,21
100	2,706079	1.000,000000	822,631577	822,631577	2,706079	2.226,11

De la comparación de las tablas de 1991 y 2008 se comprueba que se ha producido una gran mejoría en la tasa de mortalidad infantil, habiendo disminuido más de un 50% en el periodo (7,2 muertes por cada mil nacidos en 1991 frente a 3,46 en 2008). En las primeras edades la situación es similar. Este hecho tiene gran repercusión en el cálculo del promedio que representa la esperanza de vida, que ha pasado de 77,08 años al nacer en 1991 a 81,24 en 2008, ¡un aumento de más de cuatro años! Sin embargo, si observamos la esperanza de vida al cumplir 65 años, edad oficial de jubilación en España en 2010, se observa que en ese momento la esperanza de vida ha pasado de 17,59 años en 1991 a prácticamente 20 en 2008, es decir, un aumento de casi 2,5 años, bastante inferior al aumento de la esperanza de vida al nacer.

Análisis más detallados de cada una de las edades son fundamentales en los estudios demográficos y constituyen una herramienta esencial de ayuda en la organización de las sociedades, ya que permiten estimar desde los costes de las pensiones hasta el posible gasto sanitario. Para estudiar éstas u otras características de interés se elaboran tablas especializadas como, por ejemplo, TDV por sexo o de «poblaciones libres de discapacidad», según la terminología oficial. Asimismo, la esperanza de vida se ha incorporado a índices de bienestar o de desarrollo humano que miden la situación de los países en el contexto internacional. No obstante, no es objeto de este apartado una mayor profundización en el uso y aplicación de las TDV, y remitimos al lector a las publicaciones especializadas sobre estos temas o a las direcciones de Internet de los organismos correspondientes.

Seguros

Uno de los negocios más lucrativos en nuestra sociedad es el de las compañías de seguros. Muchos son los tipos de seguros que nos ofrecen: de vida, de coche, de salud, del hogar... Detrás de todos ellos hay una serie de cálculos matemáticos que tiene en cuenta tanto nuestro riesgo (la probabilidad de que tengan que pagarnos) como el tiempo durante el cual somos susceptibles de reclamarles indemnizaciones por el concepto asegurado.

Uno de los más populares son los seguros de vida en los que una persona asegura su vida, de manera que al morir su familia percibe una cierta cantidad que palie su ausencia. La determinación de la cuota que tendría que pagar y la cantidad que se recibe en caso de muerte se basan en una serie de cálculos estadístico-matemáticos que intentan predecir cuánto tiempo más va a vivir el asegurado. Es obvio que la duración de la vida de una persona individual no es predecible, pero es cierto que en grandes poblaciones se observan una serie de regularidades que nos permiten, usando herramientas probabilísticas y estadísticas, estimar la duración de la vida media de las personas de un determinado grupo.

La existencia de los seguros es más antigua de lo que podemos imaginar, y se tienen documentados seguros contra naufragios y sobre bienes enviados en barcos en la antigua Grecia y Roma. En la Edad Media, los peregrinos que se dirigían a Tierra Santa podían contratar un «seguro de rescate», de manera que abonaban una cuota y, si a lo largo del viaje eran secuestrados y se solicitaba rescate, éste lo pagaba el asegurador. Sin embargo, no existía el equivalente al seguro cuyo elemento central fuera la muerte del asegurado. No sólo no existía, sino que se consideraba un sacrilegio, ya que la vida y la muerte estaban regidas por los designios de Dios y no podían ser objeto de estudio: asegurar la vida (o la muerte) era ir contra los designios del Creador.

El Renacimiento relajó las creencias morales y ayudó al florecimiento de los negocios y, en consecuencia, de los seguros de vida. No obstante, países cuyas reglas morales eran más estrictas seguían sin aceptarlos, y si la persuasión no era suficiente, existía una prohibición expresa; España lo hizo en 1570 y Holanda, en 1598. Un siglo después, el cálculo de la probabilidad de muerte y la esperanza de vida estaban perfectamente asentados, y nadie los objetaba. Los más reticentes se limitaron a constatar que las regularidades estadísticas observadas sobre las poblaciones humanas eran, también, una muestra del orden divino.

El cálculo de la cuota o prima de un seguro sigue un proceso similar al de un juego de azar: las empresas determinan la esperanza del total de posibles riesgos que aseguran, multiplicando la probabilidad del riesgo (que estiman a partir de los datos de los últimos años) por el coste medio del mismo y sumando todos los riesgos posibles; a esa cantidad le añaden los gastos de gestión y la ganancia que quieren obtener. En términos de juegos, los jugadores son los asegurados que juegan contra la banca, esto es la empresa de seguros. Sin embargo, en este caso no tienen ningún interés en lograr el premio, que representa tener un siniestro y cobrar la cantidad asegurada.

Por ejemplo, si clasificamos los riesgos de un seguro de coche en tres categorías (véase la tabla siguiente), y la información que maneja la compañía es la que aparece en la tabla, la esperanza matemática (EM) del coste de los accidentes sería:

$$\text{EM} = 0{,}003 \cdot 7.000 + 0{,}05 \cdot 3.000 + 0{,}3 \cdot 500 = 21 + 150 + 150 = 321\ €.$$

Tipo accidente	Probabilidad	Coste reparación
Siniestro total	3/1.000=0,003	7.000 €
Grave	5/100=0,05	3.000 €
Menor	3/10=0,3	500 €

En consecuencia, el coste P de la póliza del seguro será:

$$P = \text{EM} + \text{gastos de gestión} + \text{beneficio deseado.}$$

El seguro puede verse como un «juego» desfavorable para el asegurado casi todos los años (siempre que no tenga un accidente), pero con el que está cubierto, con poco dinero, del riesgo de tener que pagar una cantidad elevada o comprarse un coche nuevo en caso de siniestro. Al contratar un seguro, con el pago de una cantidad no muy alta todos los años (o de una sola vez en el caso de los seguros de viaje, por ejemplo) esperamos tener como premio que si nos ocurre un percance, que es poco probable pero posible, lo podamos afrontar. En general, los seguros pueden verse como una lotería, un juego en el que puede merecer la pena apostar.

Edad de jubilación y pensiones

Las sociedades modernas con sistemas de protección social tienen como uno de sus mayores logros la atención a las personas mayores, a las que proporcionan una *pensión* una vez que dejan de trabajar al alcanzar una edad límite. De manera recurrente, en países con este sistema de protección social (la mayoría de los europeos) se abre un debate sobre si los trabajadores deben extender su vida laboral, es decir, si deben trabajar hasta una edad superior para tener derecho a la pensión. Este tipo de discusiones, con independencia de la seriedad y rigor con que se aborden, tienen como elemento de fondo la duración de la vida. Cuantos más años viva una persona más años recibirá su pensión, suponiendo que no fallezca antes de alcanzar la edad de jubilación.

Como ocurre con los seguros, la determinación de unas adecuadas TDV y el cálculo de la esperanza de vida son elementos esenciales para poder abordar este tipo de cuestiones. Ahora bien, no sólo se requieren unas tablas adecuadas, sino también un correcto análisis de las mismas, ya que, en general, no basta con fijarnos en el dato de esperanza de vida al nacer, sino que será necesario analizar la esperanza de vida en la edad que nos interese u otras funciones biométricas.

Otras aplicaciones

Obviamente, existen muchas otras aplicaciones de las TDV, tanto en el contexto de las poblaciones humanas como en otros. Por ejemplo, en ingeniería o mecánica, la duración de una pieza o máquina que puede averiarse y tener que reemplazarse por otra no es más que el cálculo de la vida útil de dicha pieza. Sin duda, disponer de TDV adecuadas es crucial en muchos procesos industriales.

Aunque el ejemplo anterior puede parecer algo sin demasiada influencia en nuestra rutina diaria, nada más lejos de la realidad. Pensemos que esa máquina que puede averiarse es nuestro televisor o lavadora, por no decir las bombillas que usamos. ¿De qué estamos hablando entonces? Ni más ni menos que de cuánto tiempo transcurre, en promedio, hasta que nuestra lavadora o televisor necesiten una reparación. Un segundo de reflexión nos lleva a pensar que los fabricantes conocen las TDV de las piezas, y nosotros no. ¿Qué significa eso? Lamentablemente, que los fabricantes fijan las garantías de los productos de acuerdo con esas esperanzas de vida que nosotros desconocemos. Es posible que algunos aparatos, como los televisores, se averíen menos, pero otros, como las lavadoras, que están sujetas a un intenso proceso de desgaste, sufren más averías y ¿quién no ha tenido la sensación de que la avería se ha producido justo cuando termina la garantía?

Esa situación no es debida al azar, sino al estudio que las empresas hacen de las esperanzas de vida de sus productos. Es obvio que ninguna garantía es más larga que la duración prevista del aparato, sino todo lo contrario. Quizás así se entienda mejor lo que representa una garantía. Por fortuna, la probabilidad y la estadística son conocidas por todo el que quiera estudiarlas, lo que permite a las autoridades, a la vista de la información proporcionada por expertos, evitar prácticas abusivas y fijar una duración mínima para la garantía de los productos, de obligado cumplimiento para los fabricantes. Algo en lo que también tienen su importancia las asociaciones de usuarios.

Probabilidad y estadística en la práctica médica

Con los resultados de unos análisis clínicos, el médico consulta una serie de datos que, de acuerdo con procedimientos probabilístico-estadísticos, le son suministrados de forma comprensible para que tome las medidas que estime oportunas. La decisión última corresponde al médico; los datos, el tratamiento efectuado con ellos y la forma en la que se le suministran son una herramienta de apoyo a su decisión.

Pero algunas de las informaciones pueden ser determinantes para que el médico tome decisiones o nos imponga pautas de comportamiento. Por ejemplo, sabemos que ciertos «avisos», junto con las medidas, indican que algo se encuentra «fuera de los límites normales». ¿Qué significa eso y cómo se decide?

En medicina se entiende por *límites normales* de una cierta característica aquellos entre los que se encuentra la mayoría de la población a la que pertenecemos, y se determinan con ayuda del teorema central del límite y la distribución normal. El procedimiento para hacerlo es determinar entre qué valores se encontrará la media con cierta probabilidad, el problema que ya estudió Laplace. Esos valores entre los que debe estar la media es lo que en la estadística actual se denomina *intervalos de confianza.*

Una situación similar es cuando un pediatra dice que el percentil en el que se encuentra un niño en cuanto a peso y altura es del 85% o del 95%. Los intervalos de confianza para las diferentes edades que usan los pediatras se refieren a los pesos y alturas entre los que se encuentra la población de niños y niñas que forman la población de referencia. Que un niño esté en el percentil 80 de altura y en el 75 de peso significa que el 80% de los niños que tiene la misma edad serán, a lo sumo, tan altos como él y lo mismo para el percentil 75% en cuanto al peso. Es importante destacar lo fundamental que es tener una buena población de referencia: si la que se ha usado para determinar la normalidad de las alturas y pesos fuera muy diferente de la que corresponde, los resultados no tendrían ninguna validez; por eso hay distintas bandas de referencia para niños y niñas, ya que el sexo define la población de referencia.

Probabilidad y ADN

Desde mediados de la década de 1980, el uso de perfiles de ácido desoxirribonucleico (ADN o DNA en sus siglas inglesas) ha sido usado en procesos legales para probar la paternidad, la relación familiar entre diferentes personas o la inocencia o culpabilidad de presuntos delincuentes.

La idea es comparar el ADN de los hijos con el de los presuntos padres en el caso de pruebas de paternidad, o el ADN obtenido a partir de muestras recogidas en el lugar de un delito con el obtenido del o de los presuntos culpables. Estas pruebas han sido mejoradas y hoy constituyen una prueba fundamental en muchos procesos legales, debido a la gran variabilidad entre los perfiles de ADN de las diferentes personas, incluso pertenecientes a un mismo grupo étnico. Diversos acontecimientos, como la notoriedad de algunos procesos legales en los que se ha usado este tipo de pruebas o series televisivas como CSI, han popularizado estas técnicas. Lo que no es tan conocido es que detrás de la elaboración de estos perfiles de ADN se encuentran elaboradas herramientas probabilísticas, que han dado lugar a la estadística forense.

Uno de los primeros procesos en los que se emplearon pruebas de ADN tuvo lugar en Inglaterra en 1987, donde un joven de diecisiete años fue acusado de la violación y asesinato de dos chicas, una en 1983 y otra en 1987. Algunas evidencias circunstanciales y el historial del chico parecían apuntarle como culpable sin demasiadas dudas. El joven solicitó que un análisis de sangre y su ADN fueran comparados con las muestras de esperma encontradas en las dos chicas. La conclusión fue contundente: las dos chicas habían sido violadas por el mismo individuo, pero no era el acusado.

En los procesos legales en los que se intenta determinar al autor o autores de un delito se mide alguna característica que permita establecer la posible relación del acusado con el hecho delictivo. La idea es simple, pero el problema es llevarla a la práctica. La cuestión es establecer alguna característica que permita identificar con precisión a una persona. Una de ellas son las huellas dactilares, que se usan siempre que sea posible porque identifican muy bien a una persona; sin embargo, cualquier delincuente «profesional» procura no dejar huellas, y, además, éstas pueden destruirse o deteriorarse con facilidad.

El ADN es una característica ventajosa sobre las huellas porque determina de manera casi unívoca a una persona (excepto los gemelos homocigóticos, que comparten el ADN y, sorprendentemente, no las huellas dactilares), además de contar con diversas ventajas. La primera es que está presente en el núcleo de todas las células, de modo que basta una mínima cantidad de material orgánico para medirla (un pelo, una gota de sangre, un resto de piel). La segunda es que es muy estable y permanece invariable durante bastante tiempo. El único inconveniente son las limitaciones tecnológicas para medirlo con precisión, ya que sólo se analizan algunos marcadores genéticos y, aunque el ADN es prácticamente único, hay personas que comparten un número limitado de marcadores.

No hablaremos aquí del modo en que se analiza el ADN, pero describiremos cómo el cálculo de probabilidades colabora en la toma de decisiones sobre el delito en consideración. Para visualizarlo, consideramos una situación simplificada, poco realista pero útil para nuestros propósitos. Se ha cometido un delito y la policía recoge muestras de ADN en el lugar donde se ha producido y detiene a un sospechoso, de quien ha tomado su ADN. Supondremos que cada muestra de ADN produce un dato simple. Con independencia de que en el juicio aparezcan otras posibilidades, consideramos que sólo hay dos opciones: el sospechoso es culpable (C) o inocente (I), y la decisión se basará en las pruebas de ADN. El objetivo, por tanto, es distinguir entre las dos hipótesis siguientes:

1. Las muestras proceden del mismo individuo (C).
2. Las muestras proceden de distintos individuos (I).

Denotamos con *Ev* (evidencia) la coincidencia de las muestras procedentes del ADN recogidas en el lugar del delito y del sospechoso, y con *S* el resto de las situaciones.

Aquí tendremos que recurrir al teorema de Bayes, que establece que dados dos sucesos A y B y denotando por $prob(A \mid B)$ la probabilidad condicional del suceso A dado el suceso B, siempre que $prob(B) \neq 0$, verifica que:

$$prob(A \mid B) = (prob(B \mid A) \cdot prob(A)) \, / \, prob(\mathrm{B}).$$

Usando la notación de la probabilidad condicionada y el teorema de Bayes, la proporción de culpabilidad a inocencia viene dada por:

$$\frac{prob\ (C|Ev,S)}{prob\ (I|Ev,S)} = \frac{prob\ (Ev|C,S)}{prob\ (Ev|I,S)} \cdot \frac{prob\ (C|S)}{prob\ (I|S)}.$$

De esa expresión se desprende que las dos probabilidades fundamentales que hay que determinar son la probabilidad de la evidencia *Ev* si el sospechoso es culpable y la de si es inocente. No es suficiente considerar únicamente la probabilidad de la evidencia cuando el sospechoso es inocente y concluir que un valor pequeño de esa probabilidad es una potente prueba a favor de la culpabilidad. La probabilidad de la evidencia si el sospechoso es culpable también debe tomarse en consideración. Hay que destacar que esas dos probabilidades *no son complementarias*, y podrían ser ambas muy pequeñas.

Sobre este tipo de sutilezas juegan abogados y fiscales, y una mala interpretación de estos sutiles conceptos probabilísticos puede suponer la condena de un inocente o la absolución de un culpable. Las técnicas de los abogados tienen poco que ver con las probabilidades y mucho con la interpretación interesada de las mismas. La expresión anterior también muestra la dependencia de la proporción de culpabilidad a inocencia basada en otro tipo de pruebas (S), que nunca deberán despreciarse.

La determinación de esas probabilidades de la evidencia *Ev* si el sospechoso es culpable o inocente es uno de los aspectos controvertidos en los procesos legales donde se usan pruebas de ADN. Se recurre a procedimientos que permitan determinarlas de la forma más objetiva posible, como buscar poblaciones de referencia sobre las que se efectúan los cálculos, usando las bases de datos por etnia o sexo. Pero hay muchos casos en los que el problema no se resuelve, ya que la forma de generar las bases de datos y los cálculos efectuados con ellas no suele ser transparente. Además, en las pruebas de ADN se acostumbra a medir múltiples marcadores, con lo que la probabilidad de que hayan aparecido todos ellos puede obtenerse multiplicando las probabilidades individuales si se acepta la independencia de los mismos, lo que es otro foco de controversia utilizado en los procesos.

Las pruebas de ADN también son de gran importancia en la identificación de personas en situaciones de conflictos bélicos, catástrofes o accidentes.

Epílogo

El azar ¿por fin conquistado?

Llegamos aquí al final de nuestra crónica de la conquista del azar, del paso de una explicación sobrenatural de las cosas que no se entienden a una domesticación de los hechos complejos mediante su transformación en parámetros para tenerlos bajo control, para comprender las pautas subyacentes. Como dice el estadístico indio C.R. Rao, «el azar versa sobre el orden en el desorden, mientras el caos versa sobre el desorden en el orden».

Ha sido un camino largo y complejo para la humanidad, que no ha terminado. Debe de ser que casi nada de lo relacionado con la probabilidad es intuitivo. Nos enfrentamos a una lógica diferente de la del «sí o no», del «todo o nada», que por código genético o ambiente cultural entendemos mejor. Se acepta y entiende sin problemas que cuando pulsamos un interruptor se enciende la luz y cuando lo volvemos a hacer se apaga, pero no es tan comprensible que al hacerlo unas veces se encienda y otras no, y que tengamos que evaluar esa incertidumbre.

Porque el azar consiste en incertidumbre, en no saber qué va a pasar, en esa inseguridad tan poco estimada en nuestras sociedades «desarrolladas», en las que nos gusta tener todo bajo control. Tanto que estando en la época de la historia en que más variables sociales tenemos dominadas, más irritan las inseguridades (clima, enfermedades contagiosas, accidentes...), que en alguna medida son propias de la vida. Es cierto que sería difícil vivir si demasiados fenómenos ocurrieran de una forma completamente impredecible, pero, en el otro extremo, tendría poco interés si todo fuera determinista y predecible de forma absoluta. Por suerte, el devenir de la vida, en una sociedad organizada, es una singular mezcla de ambos, lo que hace que, como solía decir un destacado estadístico, «la vida sea complicada pero no carente de interés».

Bibliografía

ADAMS, W.J., *The Life and Times of the Central Limit Theorem*, Nueva York, American Mathematical Society, 2009.

BARROW, J.D., *El salto del tigre. Las matemáticas de la vida cotidiana*, Barcelona, Crítica, 2009.

CORBALÁN, F., *Matemáticas de la vida misma*, Barcelona, Graó, 2007.

ENGEL, A., *Probabilidad y estadística* (tomos 1 y 2), Valencia, Mestral, 1988.

FERMAT, P., PASCAL, B., *La geometría del azar* (correspondencia entre ambos), edición de J. Basulto y J.A. Camúñez, Madrid, Nivola, 2007.

HAIGH, J., *Matemáticas y juegos de azar*, Barcelona, Tusquets, 2003.

HOLLAND, B.K., *What are the chances?: Voodoo Deaths, Office Gossip & Other Adventures in Probability*, Baltimore, The Johns Hopkins University Press, 2002.

MLODINOW, L., *El andar del borracho. Cómo el azar gobierna nuestra vidas,* Barcelona, Crítica, 2008.

RADHAKRISHNA RAO, C., *Estadística y verdad. Aprovechando el azar*, Barcelona, PPU, 1994.

Índice analítico